Neuere Verfahren in der Festigkeitslehre

von

H. HENCKY

Mit 12 Abbildungen

MÜNCHEN 1951
VERLAG VON R. OLDENBOURG

Druck und Einband von R. Oldenbourg, München

Inhaltsverzeichnis

Vorwort

Die vorliegende Schrift, der einführende Teil einer umfangreicheren, die 1943 in den Räumen des Verlages vor der Ausgabe verbrannt ist, behandelt im wesentlichen bekannte Aufgaben, aber nach neueren Verfahren und Gesichtspunkten. Sie soll dem Leser hauptsächlich die praktische Anwendung der Tensorgeometrie im Gebiet der Festigkeitslehre zeigen. Die vorgetragene Theorie der Schalen und Platten ließe sich auch ohne Tensorsymbolik darstellen; es war aber gerade Absicht, den Leser mit Rechenverfahren dieser Art vertraut zu machen für die wichtige Anwendung in der Grundlagenforschung der technischen Mechanik, die in zwanglosen Veröffentlichungen folgen soll.
Der ungünstige Umstand der Papierknappheit in den Jahren nach 1945 veranlaßte eine papiersparende Umschrift unter Anwendung des Schrägbruchstriches auf Wunsch des Verlages*). Die Umschrift und sonstige Umarbeitung hat Herr Dipl.-Ing. H. Pfannenmüller in dankenswerter Weise übernommen, denn ich hatte wegen starker beruflicher Beanspruchung leider nicht die nötige Zeit.
Dem Verlag fühle ich mich für seine wohlwollende Einstellung und die große aufgewandte Mühe zu Dank verpflichtet. Ebenso danke ich den Leitern der Maschinenfabrik Augsburg-Nürnberg, Werk Gustavsburg, für die wohlwollende Förderung meiner Arbeit.

Gustavsburg, im Juli 1950. Heinrich Hencky.

*) Vgl. Nachbemerkung am Schluß des Buches.

I. Der homogene Spannungs- und Verzerrungszustand elastischer Körper

Die Erfahrung hat gezeigt, daß der Ingenieur und technische Physiker sich häufig seinen mathematischen Apparat selbst entwickeln muß, wenn er seinen Aufgaben gerecht werden will. Damit soll das Verdienst des Mathematikers an dem Ausbau unserer Wissenschaft keineswegs herabgesetzt werden, im Gegenteil veranlaßt uns gerade die Schätzung seiner Tätigkeit dazu, keine unmöglichen Forderungen an ihn zu stellen.

In der Wissenschaft, mit deren Grundlagen wir uns hier beschäftigen, der *Festigkeitslehre und angewandten Mechanik*, handelt es sich vor allem um die Verschiebung zusammenhängender materieller Elemente und um das Gleichgewicht zwischen Lasten, Massen und elastischen Widerständen. Die *analytische Geometrie* als geeignetes Mittel zur Beschreibung der Verformungen spielt daher eine ausschlaggebende Rolle in unseren Problemen. Wir wollen diese Probleme nach dem Muster der *Lagrangeschen Methode* in der Dynamik in Angriff nehmen und lösen, denn diese Methode zeigt das Zusammenwirken von Geometrie und Mechanik in denkbar einfachster Weise. Was bei der Methode von Lagrange die Variation der Differenz von kinetischer und potentieller Energie, das ist in der Festigkeitslehre das Variationsintegral der Formänderungsenergie, und die Freiheitsgrade in der Dynamik entsprechen bei uns den Funktionen, von denen die Verschiebungen abhängen. Auch für die kinematischen Nebenbedingungen und ihre Berücksichtigung bei Lagrange kann man in unseren Problemen Entsprechungen finden.

Wenn wir zunächst die analytische Geometrie in einer unseren Zwecken entsprechenden Weise einführen, so geschieht dies nicht, um bekannte Sachen unnötig verwickelt darzustellen, sondern gerade im Gegenteil, weil man nur durch Einführung der *Tensorgeometrie* imstande sein wird, die Mechanik der vorgespannten Körper in klarer und verständlicher Sprache zu behandeln. Die vorgetragene Theorie der Schalen und Platten ließe sich gewiß auch ohne Tensorsymbolik darstellen, der Leser würde aber dann bei anderen Problemen nicht die nötige Vertrautheit mit der Rechenmethode besitzen.

A. KINEMATIK

1. GEOMETRISCHE GRUNDBEGRIFFE

Wir beginnen mit dem homogenen Spannungs- und Verzerrungszustand. Das Koordinatensystem ist ein kartesisches, und eine Parallelverschiebung ändert nichts an den Spannungs- und Verzerrungszuständen. Haben wir nun irgendein reales Objekt, z. B. eine Ellipse, so wird es Eigenschaften geben, welche sich zwar in den Koordinaten ausdrücken lassen, aber in allen Systemen den gleichen Wert haben. So wird z. B. die Exzentrizität einer Ellipse immer den gleichen Wert haben müssen. Es fragt sich: ist es nicht möglich, durch eine zweckmäßige Schreibweise eine solche vom Koordinatensystem unabhängige Größe kenntlich zu machen? Es ist nun tatsächlich möglich, eine solche Schreibweise einzuführen, wenn man in den Koordinaten x, y, z die *Indizesmethode* anwendet, d. h. mit Koordinaten x_1, x_2, x_3, allgemein: x_i rechnet. Der Grundbuchstabe bedeutet immer die geometrische Größe, und der Index die Nummer der Komponente. Der praktische Sinn wehrt sich zunächst dagegen, mit Indizes zu rechnen anstatt mit einfachen Buchstaben, weil man dabei leichter Fehler machen kann. Wir empfehlen ja aber die Indexmethode nur für allgemeine Untersuchungen. Wir werden sogleich an Hand von Beispielen zeigen, wie einfach sich auf diese Weise die vom speziellen System unabhängigen Elemente darstellen lassen. Wenn wir nun für einen Vektor seine 3 Komponenten angeben, so schreiben wir einen unbestimmten Index. Eine Richtung im Raume ist z. B. durch die 3 Richtungskosinusse m_1, m_2, m_3 gegeben. Wir schreiben das m_i ($i = 1, 2, 3$). Wenn die Summe der Quadrate der 3 Komponenten der Einheit gleich ist, so nennen wir den Vektor einen *Einheitsvektor.* Wir können nun eine zweite Richtung angeben, n_i, und nach dem Winkel zwischen diesen beiden Richtungen fragen. Dieser Winkel ist von dem gewählten Koordinatensystem ganz unabhängig und wird durch das sog. *skalare Produkt* der beiden Vektoren m_i und n_i angegeben:

$$\cos\omega = m_1 n_1 + m_2 n_2 + m_3 n_3 = \Sigma\, m_i n_i = \mathrm{m}_i\, \mathrm{n}_i .$$

Man hat früher bei Formeln, in denen über 3 Indizes summiert wird, ein Summenzeichen geschrieben, man merkt aber bald, besonders wenn es sich um Summationen über mehrere Indizes handelt, daß das Ausschreiben der Summenzeichen vollständig und ohne Gefahr für das Verständnis weggelassen werden kann, wenn man sich ein für allemal merkt, daß ein sich wiederholender Index eine solche Summation bedeutet. Der sich wiederholende Index hat sozusagen seine Individualität verloren. Wir werden von dieser Erleichterung auch dann immer Gebrauch machen, wenn wir uns kartesischer Koordinaten bedienen. Um gleich ein wichtiges Beispiel anzuführen:

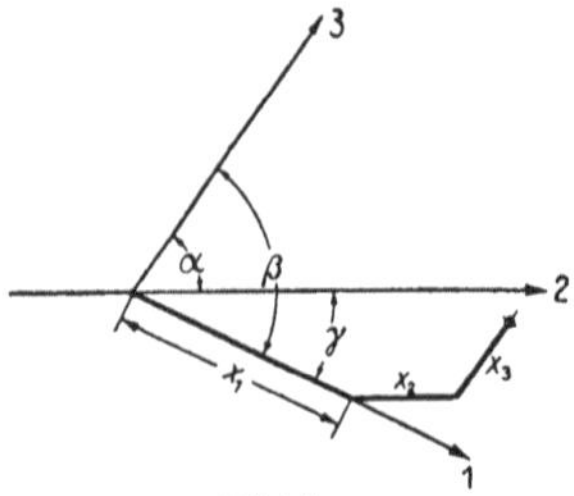

Bild 1.

Das schiefwinklige Grundsystem hat als Element ds, wobei

$$\begin{aligned} \mathrm{d}s^2 &= \mathrm{d}x_1^2 + \mathrm{d}x_2^2 + \mathrm{d}x_3^2 + 2\,\mathrm{d}x_2\,\mathrm{d}x_3\cos\alpha + 2\,\mathrm{d}x_3\,\mathrm{d}x_1\cos\beta + 2\,\mathrm{d}x_1\,\mathrm{d}x_2\cos\gamma = \\ &= g_{11}\,\mathrm{d}x_1^2 + g_{22}\,\mathrm{d}x_2^2 + g_{33}\,\mathrm{d}x_3^2 + \\ &\quad + 2\,g_{23}\,\mathrm{d}x_2\,\mathrm{d}x_3 + 2\,g_{31}\,\mathrm{d}x_3\,\mathrm{d}x_1 + 2\,g_{12}\,\mathrm{d}x_1\,\mathrm{d}x_2 \\ \mathrm{d}s^2 &= \Sigma\Sigma\, g_{ik}\,\mathrm{d}x_i\,\mathrm{d}x_k = g_{ik}\,\mathrm{d}\mathrm{x}_i\,\mathrm{d}\mathrm{x}_k . \end{aligned} \tag{1}$$

Die durch 6 Bestimmungsstücke gegebene Größe g_{ik} heißt der *metrische Fundamentaltensor*. Im speziellen Fall eines kartesischen Systems mit rechten Winkeln wird

$$g_{11} = g_{22} = g_{33} = 1$$
$$g_{12} = g_{23} = g_{31} = 0.$$

Wir rechnen meist in fiktiver Weise mit dem Symbol $\mathfrak{g}_{ik}$, meinen dabei aber immer den soeben definierten Einheitstensor. Zur Veranschaulichung der Tensorschreibweise wollen wir einige Anwendungen auf die analytische Geometrie einschalten, die uns überdies bei unseren mechanischen Problemen von Nutzen sein werden. Die Gleichung der Ebene ist bekanntlich:

$A_1 x_1 + A_2 x_2 + A_3 x_3 = A^2$ oder in der gekürzten Schreibweise:

$$\mathfrak{A}_i \mathfrak{x}_i = A^2.$$

Diese Gleichung besagt, daß die Projektionen aller Punkte der Ebene auf das vom Nullpunkt des Systems auf die Ebene gefällte Lot alle in den Fußpunkt des Lotes fallen müssen. Die Form der Gleichung läßt sich stets so wählen, daß

$$A = \sqrt{A_1^2 + A_2^2 + A_3^2}.$$

Dividieren wir beide Seiten der Ebenengleichung mit A und setzen für die Richtungskosinusse des Lotes: $A_i/A = a_i$, so wird

$\mathfrak{a}_i \mathfrak{x}_i = A$, ein Resultat, das wir soeben mit Worten umschrieben haben. Die Gleichung der Mittelpunktsfläche zweiten Grades lautet

$a_{11} x_1^2 + a_{22} x_2^2 + a_{33} x_3^2 + 2 a_{12} x_1 x_2 + 2 a_{23} x_2 x_3 + 2 a_{31} x_3 x_1 = a^2$ oder

$$\mathfrak{a}_{ik} \mathfrak{x}_i \mathfrak{x}_k = a^2. \quad (2)$$

Setzt man an Stelle von $\mathfrak{a}_{ik}$ den Einheitstensor $\mathfrak{g}_{ik} \equiv \left\| \begin{matrix} 1 & 0 & 0 \\ 0 & 1 & 0 \\ 0 & 0 & 1 \end{matrix} \right\|$, so wird

$$\mathfrak{g}_{ik} \mathfrak{x}_i \mathfrak{x}_k = \mathfrak{x}_k \mathfrak{x}_k = x_1^2 + x_2^2 + x_3^2 = a^2,$$

d. h. die Mittelpunktsfläche geht in eine Kugel über. Der Einheitstensor[1]) tritt dabei als Substitutionsoperator für die Indizes auf:

$$\mathfrak{g}_{ik} \mathfrak{x}_i = \mathfrak{g}_{1k} x_1 + \mathfrak{g}_{2k} x_2 + \mathfrak{g}_{3k} x_3 = \mathfrak{x}_k \ (k = 1, 2, 3).$$

In den Lehrbüchern der analytischen Geometrie wird gezeigt, daß die Größe $\mathfrak{a}_{ik}$ in der Gleichung der Fläche zweiter Ordnung sich beim Übergang zu einem andern Koordinatensystem so transformiert, wie die Produkte der Komponenten zweier Vektoren. Da wir in der Mechanik fortwährend mit solchen Größen zu tun haben, wollen wir unsere Betrachtungen der Mittelpunktsflächen zweiten Grades weiterführen. Jeder Ingenieur erinnert sich aus seiner Studienzeit an das häufige Vorkommen der Ellipse (z. B. Trägheitsellipse, Spannungsellipse usw.). Beim

[1]) Vgl. E. Madelung, Die mathematischen Hilfsmittel des Physikers. 3. Aufl., **1936**, S. 132 u. f.

Studium der analytischen Geometrie wird ihm erst klar, daß es sich dabei stets um gleichartige geometrische Größen handelt, so daß man nur die Mittelpunktsflächen zweiten Grades kennen muß, um alles notwendige über derartige mechanische Größen — wie Spannungen und Trägheitsmomente — zu wissen.
Es gilt:

$$\text{Matrix der Zahlen } a_{ik} \equiv \begin{Vmatrix} a_{11} & a_{12} & a_{13} \\ a_{21} & a_{22} & a_{23} \\ a_{31} & a_{32} & a_{33} \end{Vmatrix}.$$

Um vektorielle Beziehungen zu bekommen, differenzieren wir die Gleichung (2) total und erhalten:

$$\mathrm{a}_{ik} \cdot d\mathrm{x}_i \cdot \mathrm{x}_k + \mathrm{a}_{ik} \cdot \mathrm{x}_i \cdot d\mathrm{x}_k = 0.$$

Dies ist aber eine Summe aus zwei gleichen Gliedern, denn ein Index, über den summiert wird, kann nach dem bereits Gesagten mit einem beliebigen Buchstaben bezeichnet werden, wenn die Indizes durch die neuen Buchstaben in *gleicher Weise* zusammengezeichnet werden wie durch die alten. Die Gleichung sagt also

$$\mathrm{a}_{ik}\, \mathrm{x}_i\, d\mathrm{x}_k = 0.$$

Hier erscheint der Vektor $d\mathrm{x}_k$, der in der Tangentialfläche an die Fläche zweiten Grades liegt, skalar multipliziert mit einem anderen Vektor $\mathrm{a}_{ik}\, \mathrm{x}_i$ und das Produkt verschwindet, d. h. die beiden Vektoren stehen senkrecht aufeinander (Tangente und Normale). Dabei fällt im allgemeinen der Vektor $\mathrm{a}_{ik}\, \mathrm{x}_i$ nicht in die Richtung von x_i ($i = 1, 2, 3$). Dieser Vektor hat nämlich ausgeschrieben die Komponenten

$$\mathrm{a}_{1k}\, x_1 + \mathrm{a}_{2k}\, x_2 + \mathrm{a}_{3k}\, x_3 \quad (k = 1,\ 2,\ 3),$$

und man erkennt ohne weiteres, daß durch dieses Bildungsgesetz die Richtung des Vektors im allgemeinen verändert wird; von der Größe ist dies ja selbstverständlich.
Nun kann die gleiche Größe bei gleicher Richtung stets durch einen allgemeinen Multiplikator λ erzwungen werden. Die Bedingung gleicher Richtung ist dann offenbar
$\mathrm{a}_{ik}\, \mathrm{x}_i = \lambda \cdot \mathrm{g}_{ik}\, \mathrm{x}_i$, wofür man auch schreiben kann

$$(\mathrm{a}_{ik} - \lambda \cdot \mathrm{g}_{ik})\, \mathrm{x}_i = 0. \tag{3}$$

Eine Größe x_i durch eine Verknüpfung mit dem Einheitstensor g_{ik} darzustellen, ist ein immer wiederkehrender Kunstgriff, so daß der Leser gut tut, sich damit und mit der Bedeutung dieses Kunstgriffes ein für allemal vertraut zu machen.
Das System der Gleichungen (3) ist ein homogenes. Die Determinante muß daher verschwinden. Es liefert dann 3 Werte von λ, nämlich λ_1, λ_2 und λ_3, wobei die Gleichung (3) ausgeschrieben die Form annimmt:

$$\begin{aligned} (a_{11} - \lambda)\, x_1 + a_{21}\, x_2 + a_{31}\, x_3 &= 0 \\ a_{12}\, x_1 + (a_{22} - \lambda)\, x_2 + a_{32}\, x_3 &= 0 \\ a_{13}\, x_1 + a_{23}\, x_2 + (a_{33} - \lambda)\, x_3 &= 0. \end{aligned}$$

Die Determinante des Gleichungssystems (3) lautet ausgerechnet:

$$\lambda^3 - \lambda^2 (a_{11} + a_{22} + a_{33}) + \lambda (a_{11} a_{22} + a_{11} a_{33} + a_{22} a_{33} - a_{12}^2 - a_{23}^2 - a_{31}^2) - \\ - (2 a_{12} a_{23} a_{31} - a_{11} a_{23}^2 - a_{22} a_{13}^2 - a_{33} a_{12}^2 + a_{11} a_{22} a_{33}) = 0.$$

Hier sind die Beiwerte der Potenzen von λ vom Koordinatensystem ganz unabhängig, man nennt diese Größen *Skalare* oder *Invarianten.* Offenbar kann es also nur 3 unabhängige Invarianten eines Tensors zweiten Grades geben. Auf Grund unserer Indizesregeln lassen sich sogleich 3 verschiedene unabhängige Typen von Invarianten hinschreiben:

$$J_{\mathrm{I}} = \mathrm{a}_{ii}; \quad J_{\mathrm{II}} = \mathrm{a}_{ik}\, \mathrm{a}_{ik}; \quad J_{\mathrm{III}} = \mathrm{a}_{ik}\, \mathrm{a}_{kl}\, \mathrm{a}_{li}.$$

Damit kann man die obige Gleichung für λ in folgender Form schreiben:

$$\lambda^3 - \lambda^2 J_1 + \frac{\lambda}{2} (J_{\mathrm{I}}^2 - J_{\mathrm{II}}) - \left(\frac{1}{6} J_{\mathrm{I}}^3 + \frac{1}{3} J_{\mathrm{III}} - \frac{1}{2} J_{\mathrm{I}} J_{\mathrm{II}}\right) = 0. \tag{4}$$

Hat man hier die Beziehung $\mathrm{a}_{ii} = J_{\mathrm{I}} = 0$, so vereinfacht sich die Gleichung erheblich und wird

$$\lambda^3 - \lambda J_{\mathrm{II}}/2 - J_{\mathrm{III}}/3 = 0.$$

Einen Tensor mit $J_{\mathrm{I}} = 0$ nennt man einen *Deviator.*
Jeder Tensor kann in einen Deviator und in einen Kugeltensor zerlegt werden, der gleiche Normalkomponenten und verschwindende gemischte Komponenten besitzt. Wichtige Tensoren, aus rein geometrischen Elementen gebildet, sind die Trägheitsmomente. Wir gehen aber auf diese Zusammenhänge nicht weiter ein.
Wir wenden uns einem wichtigen Gebrauch der Tensorschreibweise zu, nämlich zur *Darstellung der infinitesimalen Drehung.*

2. DIE INFINITESIMALE DREHUNG

Wir lassen die Drehungsachse durch den Ursprung gehen. Der Vektor der infinitesimalen Drehung $\Delta\omega_i$ habe den absoluten Betrag $\Delta\omega$ und möge in dem beliebig gegebenen Punkte $P(\mathrm{x}_i)$ eine Verschiebung um ein Kreisbogenelement Δa hervorbringen. Um unübersichtliche Näherungen aus der Rechnung fernzuhalten, ist im folgenden statt der Bewegung auf einem Kreis zunächst eine auf einem Tangentenpolygon als Näherung angenommen, so, daß Δa durch ein in P berührendes Tangentenelement $\Delta \mathrm{u}_i$ gleicher Länge ersetzt erscheint, und mit $\Delta a \to 0$ beide Bewegungen identisch werden. Vom Fußpunkte Q des Lotes auf die Drehachse bis zum Punkt 0 haben wir dann

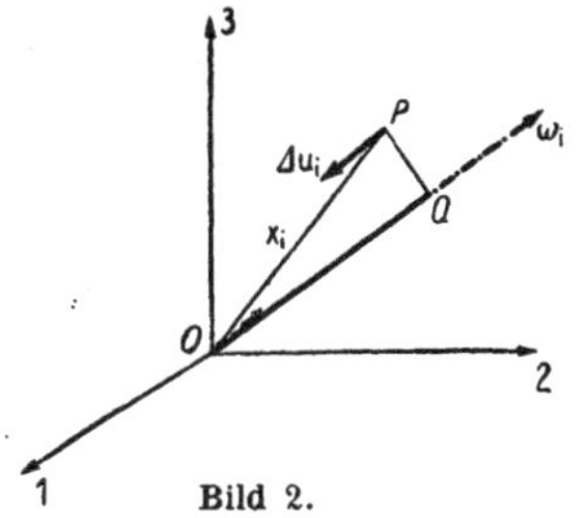

Bild 2.

$\overline{OQ^2} = (\mathrm{x}_i \cdot \Delta\omega_i/\Delta\omega)^2$ und natürlich $\overline{OP^2} = \mathrm{g}_{ik}\,\mathrm{x}_i\,\mathrm{x}_k$, in der Form der Kugelgleichung. Der Weg des Punktes P ist absolut gemessen $\overline{PQ} \cdot \Delta\omega$ und

$$\overline{PQ}^2 \Delta\omega^2 = \overline{OP}^2 \Delta\omega^2 - \overline{OQ}^2 \Delta\omega^2 =$$
$$= \Delta\omega^2 g_{ik} x_i x_k - (x_i \Delta\omega_i)^2 =$$
$$= (\Delta\omega_1^2 + \Delta\omega_2^2 + \Delta\omega_3^2)(x_1^2 + x_2^2 + x_3^2) -$$
$$- (x_1 \Delta\omega_1 + x_2 \Delta\omega_2 + x_3 \Delta\omega_3)^2 =$$
$$= (x_3 \Delta\omega_2 - x_2 \Delta\omega_3)^2 + (x_1 \Delta\omega_3 - x_3 \Delta\omega_1)^2 + (x_2 \Delta\omega_1 - x_1 \Delta\omega_2)^2 =$$
$$= \Delta u_1^2 + \Delta u_2^2 + \Delta u_3^2.$$

Andererseits wissen wir auch, daß der gesuchte Verschiebungsvektor Δu_i senkrecht zu $\overline{OP}$ und OQ stehen muß. Es muß also sein

$$\Delta\omega_i \Delta u_i = 0 \qquad \text{und} \qquad x_i \Delta u_i = 0.$$

Aus diesen beiden Gleichungen folgt ohne weiteres, daß die Komponenten Δu_i die Form haben müssen

$$\Delta u_1 = \lambda (x_3 \Delta\omega_2 - x_2 \Delta\omega_3)$$
$$\Delta u_2 = \lambda (x_1 \Delta\omega_3 - x_3 \Delta\omega_1)$$
$$\Delta u_3 = \lambda (x_2 \Delta\omega_1 - x_1 \Delta\omega_2).$$

Durch Vergleich der Resultate folgt, daß $\lambda = 1$ sein muß. Hier hatten wir die Drehung als Vektor eingeführt, wie es in den Lehrbüchern der Mechanik üblich ist. Wenn man mit räumlichen Problemen der Elastizitätstheorie zu tun hat, ist es aber viel zweckmäßiger, die Drehung als eine Raumtransformation aufzufassen.

Wenn wir schreiben

$$\Delta u_i = x_k \Delta\omega_{ki} \tag{5}$$

und noch die Festsetzung machen

$$\Delta\omega_{ik} + \Delta\omega_{ki} = 0,$$

also auch

$$\Delta\omega_{11} = \Delta\omega_{22} = \Delta\omega_{33} = 0,$$

so kommen wir zu den eben für Δu_1, Δu_2, Δu_3 abgeleiteten Formeln, wenn

$$\Delta\omega_{31} = \Delta\omega_2; \quad \Delta\omega_{12} = \Delta\omega_3; \quad \Delta\omega_{23} = \Delta\omega_1 \tag{5a}$$

gesetzt wird.

Infolge zufälliger Eigenschaften des dreidimensionalen Raumes ist es nämlich möglich, die infinitesimale Drehung als einen axialen Vektor und als antisymmetrischen Tensor aufzufassen.

Die Transformation des Raumes infolge einer infinitesimalen Drehung kann geschrieben werden

$$\bar{x}_i = x_k (g_{ki} + \Delta\omega_{ki}), \tag{5b}$$

wobei $\bar{x}_i - x_i$ die infinitesimale Änderung von x_i ist. Man beachte, daß eine Vertauschung der Indizes in $\Delta\omega_{ki}$ das Vorzeichen ändert. Die Summation geht über den ersten Index; eine Summation über den zweiten Index würde $\lambda = -1$ bedeuten.

3. DIE VERZERRUNG

Wenn wir schreiben

$$\bar{x}_i = x_i + \Delta u_i, \qquad (6)$$

wobei Δu_i eine lineare Funktion der Koordinaten sein möge, so haben wir eine Transformation des Raumes vor uns, bei der zwar eine Drehung wie in Gleichung (5b) beteiligt sein kann, die aber im allgemeinen von einer Verzerrung der Längen und der Winkel zwischen zwei Linien begleitet ist.

Das Mittel zum Herausholen der Verzerrung aus der Gleichung (6) ist die Differentiation.

Durch Differentiation eines Skalars erhalten wir 3 Komponenten, die sich auf ein anderes Koordinatensystem wie die Richtungskosinusse einer Strecke transformieren. So erhält man Gradienten, z. B. den Druckgradienten, den Temperaturgradienten usw. Eine Differentiation kann man daher auch auffassen als eine Multiplikation mit einem symbolischen Vektor von der Form ∂_i[1]. Ganz allgemein entsteht also durch Differenzieren nach den Koordinaten eine Größe, deren Grad um eine Einheit höher ist. Zunächst gelten diese einfachen Regeln allerdings nur für Koordinatensysteme mit konstantem g_{ik}, sie lassen aber eine Verallgemeinerung zu, mit der wir uns indessen nicht beschäftigen werden.

Das wesentliche Merkmal einer von einer Verdrehung verschiedenen Verzerrung besteht darin, daß der Abstand zweier Punkte vor und nach der Verzerrung verschieden ist. Bezeichnen wir den transformierten Abstand mit $d\bar{x}$, so wird

$$d\,\bar{x}^2 - dx^2 = (d\bar{x}_i\, d\bar{x}_k - dx_i\, dx_k)\, g_{ik}.$$

Da es sich um eine infinitesimale Transformation handeln soll, wird

$$d\,\bar{x}^2 - dx^2 = (d\bar{x} + dx)\,(d\bar{x} - dx) \rightarrow 2\,dx\,(d\bar{x} - dx)$$

mit infinitesimaler Näherung; die Ergebnisse aus den einzelnen Näherungsschritten seien hier und im folgenden nur durch den waagrechten Strich gekennzeichnet, also nicht weiter voneinander unterschieden.

Nun erhalten wir aus (6) durch Differentiation

$$d\bar{x}_i = (\partial_k x_i + \partial_k \Delta u_i)\, dx_k = (g_{ik} + \partial_k \Delta u_i)\, dx_k, \quad \text{denn } \partial_k x_i = \frac{\partial x_i}{\partial x_k} = g_{ik},$$

wie man sich leicht aus dem Sinn dieser Differentiationsvorschrift überzeugt. Entsprechend erhalten wir weiter:

$$g_{ik}\, d\bar{x}_k = (g_{ik}\, \partial_l x_k + g_{ik}\, \partial_l \Delta u_k)\, dx_l = (g_{il} + \partial_l \Delta u_i)\, \partial x_l,$$

und da gesetzt werden darf $dx_i = g_{li}\, dx_l = g_{il}\, dx_l$, so wird

$$2\,dx\,(d\bar{x} - dx) = ((g_{ik} + \partial_k \Delta u_i)\, dx_k\, (g_{il} + \partial_l \Delta u_i)\, dx_l - g_{ik}\, g_{il}\, dx_k\, dx_l)$$
$$2\,dx\,(d\bar{x} - dx) = (g_{il}\, \partial_k \Delta u_i + g_{ik}\, \partial_l \Delta u_i)\, dx_k\, dx_l$$

---

[1]) ∂_i neuere Schreibweise statt $\frac{\partial}{\partial x_i}$; entsprechend allgemein z. B. $d_a A$ statt $\frac{dA}{da}$; $\partial_x \partial_y$ statt $\frac{\partial^2}{\partial x\, \partial y}$.

oder, wenn man links und rechts durch $2\,dx^2$ teilt und die Richtungskosinusse $m_i = dx_i/dx$ einführt,

$$(d\bar{x} - dx)/dx = (1/2)\,(\partial_k \Delta u_l + \partial_l \Delta u_k)\, m_k\, m_l \tag{7}$$

Der Tensor:

$$\Delta e_{kl} = (1/2)\,(\partial_k \Delta u_l + \partial_l \Delta u_k) \tag{7a}$$

mißt die Dehnung der Abstände mit der ursprünglichen Richtung m_i, wenn man ihn mit dem Produkte der Richtungskosinusse *überschiebt*, wie dies die Gleichung (7) anzeigt.

Multiplikationen mit Summation über einen oder mehrere Indizes nennt man in der Tensorrechnung *Überschiebungen.*

Die Überschiebung mit dem Einheitstensor gibt die erste, und zwar lineare Invariante des Deformationstensors

$$g_{ik}\,\Delta\, e_{ik} = \Delta\, e_{11} + \Delta\, e_{22} + \Delta\, e_{33} = \Delta\, e.$$

Für eine infinitesimale Verzerrung hat diese Invariante die Bedeutung einer Änderung des Volumens, $d\,V$, nämlich $\Delta\, e \rightarrow (d\bar{V} - d\,V)/d\,V$. Wie beim Spannungstensor, kann man auch $\Delta\, e_{ik}$ in einen Kugeltensor und in einen Deviator zerlegen, man kann nämlich schreiben

$$\Delta\, e_{ik} = (1/3)\,\Delta\, e \cdot g_{ik} + \Delta\, e'_{ik}. \tag{7b}$$

Der erste Teil gibt die Veränderung des Volumens, der zweite Teil stellt eine Verzerrung dar, welche frei von Volumenänderung ist, so daß also

$$g_{ik}\,\Delta\, e'_{ik} = 0.$$

Diese Zerlegung spielt eine Rolle in der Formulierung des Elastizitätsgesetzes und der Plastizitätsbedingung.

Zusammenfassend bemerken wir, daß der antisymmetrische Teil der Transformation in der Form geschrieben wird

$$\Delta\, \omega_{ki} = (1/2)\,(\partial_k \Delta u_i - \partial_i \Delta u_k), \tag{8a}$$

während der symmetrische Teil sich mit i statt l in der Form darstellt

$$\Delta\, e_{ki} = (1/2)\,(\partial_k \Delta u_i + \partial_i \Delta u_k) \tag{8b}$$

Die Transformationsmatrix ergibt sich durch Addition zu

$$\Delta\, \omega_{ki} + \Delta\, e_{ki} = \partial_k \Delta u_i. \tag{8c}$$

Die Transformation der Koordinaten des Raumes kann also in der folgenden Form geschrieben werden

$$\bar{x}_i = x_k\,(g_{ki} + \Delta\, \omega_{ki} + \Delta\, e_{ki}). \tag{9}$$

Man hat aber beim Rechnen immer zu beachten, daß eine Vertauschung der Indizes in $\Delta\, \omega_{ki}$ auch das Vorzeichen ändert.

Der Leser, der eine möglichst konkrete und elementare Darstellung der Tensorrechnung wünscht, sei auf das Buch von H. Rothe[1]) hingewiesen.

Bevor wir die geometrischen Anwendungen abschließen, ist es geboten, noch eine wichtige Aufgabe zu behandeln.

Die Änderung des Winkels zwischen zwei Richtungen. Gegeben seien durch die Einheitsvektoren m_i und n_i zwei von einem Punkt ausgehende Richtungen. Wir unterwerfen den Raum einer infinitesimalen Verformung und fragen nach der Änderung des Winkels γ zwischen den beiden Richtungen

$$\cos\gamma = m_i \cdot n_i \quad \text{und} \quad \cos(\gamma + \Delta\gamma) - \cos\gamma = m_i \cdot n_i/(\overline{m} \cdot \overline{n}) - m_i \cdot n_i.$$

Mit $\overline{m}$ und $\overline{n}$ bezeichnen wir die Längen der verformten Einheitsvektoren. Durch die Verformung erleidet ein Einheitsvektor eine Änderung der Länge und verliert damit die Eigenschaft, Einheitsvektor zu sein. Nach Vereinfachung der linken Seite der Gleichung erhalten wir

$$-\Delta\gamma \sin\gamma = (\overline{m}_i \cdot n_i/(\overline{m} \cdot n) - m_i \cdot n_i).$$

Wir bedienen uns nun der Formel (9) und behandeln m_i und n_i als Vektoren:

$$\begin{aligned} \overline{m}_i \cdot \overline{n}_i &= m_k (g_{ki} + \Delta\omega_{ki} + \Delta e_{ki})\, n_l (g_{li} + \Delta\omega_{li} + \Delta e_{li}) = \\ &= (m_i + m_k \Delta\omega_{ki} + m_k \Delta e_{ki})(n_i + n_l \Delta\omega_{li} + n_l \Delta e_{li}) \\ \overline{m}_i \cdot \overline{n}_i &= m_i n_i + m_k n_i \Delta\omega_{ki} + m_k n_i \Delta e_{ki} + m_i n_l \Delta\omega_{li} + m_i n_l \Delta e_{li} \;{}^{2)} \\ &= m_i n_i + 2 m_k n_i \Delta e_{ki}. \end{aligned}$$

Zur Feststellung der neuen Längen der Einheitsvektoren m_i und n_i verwenden wir am besten Gleichung (7), mit i statt l:

$$\begin{aligned} \overline{m} &= m(1 + m_k m_i \Delta e_{ki}) = 1 + m_k m_i \Delta e_{ki} \\ \overline{n} &= n\,(1 + n_k n_i \Delta e_{ki}) = 1 + n_k n_i \Delta e_{ki} \\ \overline{m}\,\overline{n} &= (1 + m_k m_i + n_k n_i) \Delta e_{ki}). \end{aligned}$$

Diese Resultate, eingesetzt in die Gleichung für γ, liefern uns nach einiger Umformung die Beziehung

$$-\Delta\gamma \rightarrow (1/\sin\gamma)\,[2 m_k n_i \Delta e_{ki} - \cos\gamma\,((m_k m_i + n_k n_i) \Delta e_{ki})], \tag{10}$$

und wenn $\gamma = 90^0$:

$$\Delta\gamma = -2 m_k n_i \Delta e_{ki}. \tag{10a}$$

Dieses Resultat zeigt die geometrische Bedeutung der Komponenten des Deformationstensors. In den älteren Darstellungen der Theorie der Elastizität hat man leider eine Inkonsequenz eingeführt, indem man sich bei der Definition der Schiebung zwar der Gleichung (10a) als Definitionsgleichung bediente, dabei aber den Faktor 2 wegließ. Wir würden empfehlen, diese Störung der räumlichen Symmetrie, die gar keine praktischen Vorteile mit sich bringt, zu beseitigen und den halben Schubwinkel als Definition der Schiebung einzuführen.

---

[1]) Einführung in die Tensorrechnung von H. Rothe. Verlag von L. W. Seidel & Sohn, Wien 1924.

[2]) $m_k n_i \Delta\omega_{ki} + m_i n_l \cdot \Delta\omega_{li} = m_k n_i (\Delta\omega_{ki} + \Delta\omega_{ik}) = 0$, da $\Delta\omega_{ki} + \Delta\omega_{ik} = 0$.

B. STATIK

1. KRÄFTE UND VEKTOREN. PRINZIP DER VIRTUELLEN ARBEIT

Da die Geschwindigkeit als Quotient einer infinitesimalen Verschiebung und der sehr kleinen Zeit dieser Verschiebung aufgefaßt werden muß, ist sie auch ein Vektor. Die Zeit ist in der technischen Mechanik eine skalare Größe, so daß an dem Tensorcharakter durch Differentiation nichts geändert wird. Nach der dynamischen Grundgleichung haben wir mit v_i als Geschwindigkeit:

$$m \cdot \frac{d v_i}{d t} = P_i \tag{1}$$

d. h. die Kraft ist proportional der Änderung der Geschwindigkeit, womit die Kraft ebenfalls als Vektor definiert ist[1]).

Wenn auf einen Körper Kräfte wirken und ihre Angriffspunkte virtuelle Verschiebungen Δu_i erleiden, so muß im Falle des Gleichgewichts die virtuelle Arbeit

$$\Sigma P_i \Delta u_i = 0$$

sein. Aus dieser virtuellen Arbeitsgleichung läßt sich die ganze Statik ableiten. Wir wollen hier zur Veranschaulichung dieser Zusammenhänge das Gleichgewicht eines in einem Punkt drehbar gelagerten starren Körpers ableiten; die Verschiebung eines Massenpunktes ist zu trivial, um als Anwendung der Tensorrechnung zu dienen. Das Ergebnis ist natürlich, daß die Summe der Kraftkomponenten in jeder der 3 Koordinatenrichtungen verschwinden muß.

Bei der Drehung eines starren Körpers, die durch die Transformationsmatrix $\Delta \omega_{ik}$ gegeben sei, erhalten wir für die Verschiebung eines beliebigen Punktes mit den Koordinaten r_i:

$$\Delta r_i = r_k \Delta \omega_{ki}. \tag{2}$$

Das Verschwinden der virtuellen Arbeit drückt sich aus durch

$$\Sigma P_i \Delta r_i = \Sigma P_i \cdot r_k \Delta \omega_{ki} = 0.$$

Das ist aber nichts anderes als die Überschiebung des Tensors $P_i r_k$ mit dem antisymmetrischen Tensor $\Delta \omega_{ki}$.

Auch den Tensor $P_i r_k$ kann man in einen symmetrischen und einen antisymmetrischen Teil zerlegen. Die Überschiebung eines symmetrischen Tensors mit einem antisymmetrischen verschwindet, es bleibt also nur der antisymmetrische Teil übrig, der die Form hat[2])

$$\Sigma (P_i r_k - P_k r_i).$$

Da die Komponenten der Rotationsmatrix für alle Punkte des Körpers gleich sind, kann man die Gleichgewichtsbedingung schreiben

$$\Delta \omega_{ki} (\Sigma (P_i r_k - P_k r_i)) = 0.$$

---

[1]) Grundzüge der Tensorrechnung in analytischer Darstellung von Duschek und Hochrainer, Teil I und II, 1948 und 1950, Wien, Springer-Verlag.

[2]) $P_i r_k = (1/2)(P_i r_k + P_k r_i) + (1/2)(P_i r_k - P_k r_i)$.

Es folgt also, da die $\Delta\omega_{ik}$ ganz willkürlich waren,

$$\Sigma\,(\mathrm{P}_i\,\mathrm{r}_k - \mathrm{P}_k\,\mathrm{r}_i) = 0 \tag{3}$$

(für $i, k = 1, 2, 3$), d. h. die Momentensumme um jede der 3 Achsen muß verschwinden.

2. DIE SPANNUNGEN

Die Unzulänglichkeit der klassischen Vektorrechnung wird aber erst fühlbar, wenn man den Spannungsbegriff einführen muß. Man erkennt dann sehr bald, daß es eine „koordinatenfreie" Darstellung nicht geben kann.
Unter Spannung verstehen wir eine Kraft, bezogen auf die Einheit des Flächenteils, auf welchen sie wirkt. In Bild 3 haben wir alle Spannungskomponenten eingetragen, welche sich an der Oberfläche eines rechtwinkligen Parallelepipeds anbringen lassen. Da $\sigma_{ik} = \sigma_{ki}$ sein muß, so hat man 6 verschiedene Komponenten, wie sie ein symmetrischer Tensor erfordert. Um den Tensorcharakter zu erkennen, muß allerdings noch gezeigt werden, daß die Größe σ_{ik} Invarianten oder Vektoren durch Überschieben mit Richtungskosinussen bildet. Zu diesem Zwecke behandeln wir die folgende Aufgabe:
Gegeben seien die 6 Komponenten σ_{ik}, wir suchen die Spannungsresultante zu einer Fläche mit der Normalen n_i.

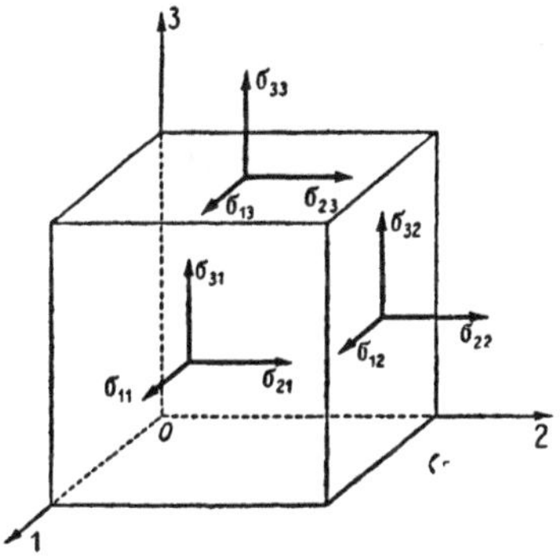

Bild 3.

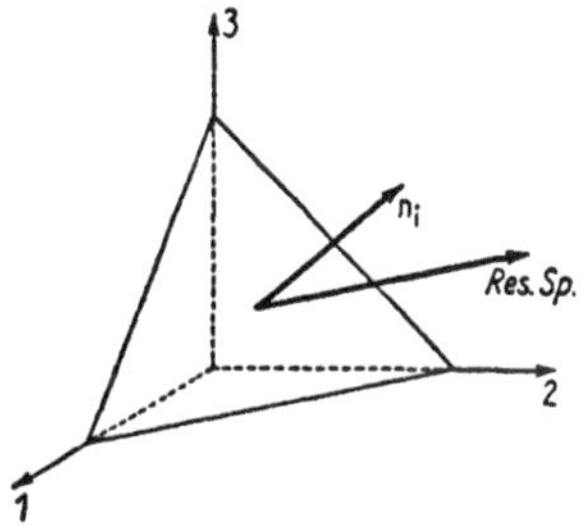

Bild 4.

Mit F als Fläche des Schnittdreiecks (s. Bild 4) und σ_i als Komponenten der zugehörigen Spannungsresultanten haben wir für die drei Gleichgewichtsbedingungen in den Achsenrichtungen *1, 2, 3*

$$\sigma_i F = F\,(\sigma_{i1}\,n_1 + \sigma_{i2}\,n_2 + \sigma_{i3}\,n_3) = F \cdot \sigma_{ik} \cdot \mathrm{n}_k$$

oder einfach

$$\sigma_i = \sigma_{ik}\,\mathrm{n}_k, \tag{4}$$

woraus sich die 3 Komponenten σ_1, σ_2, σ_3 ergeben.
Die Normalkomponente ergibt sich zu

$$(\sigma_i)_n = \sigma_{ik}\,\mathrm{n}_i\,\mathrm{n}_k.$$

Durch diese Formeln ist die Tensoreigenschaft bewiesen. Die Spannungskomponenten transformieren sich bei Drehungen des Koordinatensystems wie die Produkte von Richtungskosinussen.

Geben wir die Richtungskosinusse in Form einer sog. Matrix A_{ik}, also:

	x_1	x_2	x_3
x_1'	A_{11}	A_{12}	A_{13}
x_2'	A_{21}	A_{22}	A_{23}
x_3'	A_{31}	A_{32}	A_{33}

so kann die Transformation des ungestrichenen auf das gestrichene System durch Überschieben mit den Richtungsvektoren vorgenommen werden. Als Richtungsvektoren können sowohl die Zeilen wie die Kolonnen der Matrix dienen.

$$\sigma'_{ik} = A_{im} \cdot A_{kn} \cdot \sigma_{mn}. \tag{5}$$

3. ELEMENTARE BETRACHTUNG UBER DAS ELASTIZITÄTSGESETZ

Es seien:

dx_1, dx_2, dx_3 die Abmessungen des Elements vor der Belastung,

$d\bar{x}_1$, $d\bar{x}_2$, $d\bar{x}_3$ die Abmessungen nach dem Eintritt des Gleichgewichtes unter Belastung,

σ_1, σ_2, σ_3 die Hauptspannungen im Endzustand,

ε_1, ε_2, ε_3 die Hauptdehnungen

für den speziellen Fall des Zusammenfallens der Achsen. Für die Dehnungen gilt dann[1]):

$$\varepsilon_i = \ln (d\bar{x}_i/dx_i) \text{ und}$$

$$\varepsilon_1 + \varepsilon_2 + \varepsilon_3 = \ln \frac{d\bar{x}_1\, d\bar{x}_2\, d\bar{x}_3}{dx_1\, dx_2\, dx_3} = \ln \frac{d\bar{V}}{dV}.$$

Wir setzen:

$$\varepsilon = (\varepsilon_1 + \varepsilon_2 + \varepsilon_3)/3 \text{ und}$$
$$\sigma = (\sigma_1 + \sigma_2 + \sigma_3)/3$$

uud denken uns in folgende beiden Systeme zerlegt:

System I	System II
$\varepsilon_1 - \varepsilon;\ \varepsilon_2 - \varepsilon;\ \varepsilon_3 - \varepsilon$	$\varepsilon;\ \varepsilon;\ \varepsilon$
$\sigma_1 - \sigma;\ \sigma_2 - \sigma;\ \sigma_3 - \sigma.$	$\sigma;\ \sigma;\ \sigma.$

Wir definieren nun:

Energie im System I auf die Volumeneinheit:

$$G\,((\varepsilon_1 - \varepsilon)^2 + (\varepsilon_2 - \varepsilon)^2 + (\varepsilon_3 - \varepsilon)^2);$$

Energie im System II auf die Volumeneinheit:

$$(9/2)\, K\varepsilon^2;$$

[1]) Vgl. z. B. Hütte, des Ingenieurs Taschenbuch.

Totale Energie auf die Volumeneinheit:

$$A = G\left((\varepsilon_1 - \varepsilon)^2 + (\varepsilon_2 - \varepsilon)^2 + (\varepsilon_3 - \varepsilon)^2\right) + (9/2)\, K \varepsilon^2.$$

Als Variation ergibt sich:

$$\delta A = 2G\left((\varepsilon_1 - \varepsilon)\,\delta(\varepsilon_1 - \varepsilon) + (\varepsilon_2 - \varepsilon)\,\delta(\varepsilon_2 - \varepsilon) + (\varepsilon_3 - \varepsilon)\,\delta(\varepsilon_3 - \varepsilon)\right) + 9 K \varepsilon \delta \varepsilon.$$

Für die Arbeit der Spannungen gilt aber auch

$$\mathrm{d}V \cdot \delta A = \sigma_1\, \mathrm{d}\bar{x}_2\, \mathrm{d}\bar{x}_3\, \delta\, \mathrm{d}\bar{x}_1 + \sigma_2\, \mathrm{d}\bar{x}_1\, \mathrm{d}\bar{x}_3\, \delta\, \mathrm{d}\bar{x}_2 + \sigma_3\, \mathrm{d}\bar{x}_1\, \mathrm{d}\bar{x}_2\, \delta\, \mathrm{d}\bar{x}_3$$

oder:

$$\mathrm{d}V \cdot \delta A = \mathrm{d}\bar{x}_1\, \mathrm{d}\bar{x}_2\, \mathrm{d}\bar{x}_3 \left(\sigma_1 \frac{\delta\, \mathrm{d}\bar{x}_1}{\mathrm{d}\bar{x}_1} + \cdots\right)$$

$$\delta A = \frac{\mathrm{d}\bar{x}_1\, \mathrm{d}\bar{x}_2\, \mathrm{d}\bar{x}_3}{\mathrm{d}V} (\sigma_1 \delta \varepsilon_1 + \sigma_2 \delta \varepsilon_2 + \sigma_3 \delta \varepsilon_3).$$

Das kann man formell auch so schreiben:

$$\delta A = (\mathrm{d}\bar{V}/\mathrm{d}V)\left((\sigma_1 - \sigma)\,\delta(\varepsilon_1 - \varepsilon) + (\sigma_2 - \sigma)\,\delta(\varepsilon_2 - \varepsilon) + {} + (\sigma_3 - \sigma)\,\delta(\varepsilon_3 - \varepsilon) + 3\,\delta\,\varepsilon \cdot \sigma\right).$$

Die beiden Ausdrücke für δA müssen nun identisch sein; da die Variationen beliebig sind, folgt

$$(\sigma_1 - \sigma)\, \mathrm{d}\bar{V}/\mathrm{d}V = 2G\,(\varepsilon_1 - \varepsilon) \qquad (6a)$$

$$(\sigma_2 - \sigma)\, \mathrm{d}\bar{V}/\mathrm{d}V = 2G\,(\varepsilon_2 - \varepsilon) \qquad (6b)$$

$$(\sigma_3 - \sigma)\, \mathrm{d}\bar{V}/\mathrm{d}V = 2G\,(\varepsilon_3 - \varepsilon) \qquad (6c)$$

$$9 K\varepsilon = 3\sigma\, \mathrm{d}\bar{V}/\mathrm{d}V. \qquad (7)$$

Statt (7) kann man auch schreiben

$$\sigma\, \mathrm{d}\bar{V}/\mathrm{d}V = K \ln(\mathrm{d}\bar{V}/\mathrm{d}V)$$

oder näherungsweise für genügend kleine Volumenänderungen

$$\sigma\, \mathrm{d}\bar{V}/\mathrm{d}V = K \ln(1 + e) \to K\, e.$$

C. ANWENDUNG DER VOM BEZUGSSYSTEM UNABHÄNGIGEN GRÖSSEN

1. INVARIANTEN DER SPANNUNG

Der Umstand, daß die meisten festen Körper, wie Glas, Gußeisen, Stahl usw. unter den praktisch zulässigen Spannungszuständen sich nur äußerst wenig verformen lassen (sind doch die Dehnungen dabei von der Größenordnung 10^{-3}), macht es überhaupt erst möglich, daß die Frage nach den Grenzspannungszuständen auf Grund eines Studiums der Spannungsverhältnisse allein einen Sinn hat. Es ist ja klar, daß ein jedes Material, das einer endlichen Verformung unterworfen wird, sich in den verschiedenen Richtungen schließlich nicht mehr gleichartig verhalten kann, selbst wenn es dies für sehr kleine Verformungen tut.

Natürlich machen wir hier die Annahme, daß der Körper und seine Oberfläche sich vollkommen gleichartig nach allen Richtungen verhalten solle, solange die Verformungen sehr klein bleiben. Wir wissen zwar, daß jedenfalls ein Unterschied zwischen der Oberfläche und dem Inneren besteht, aber die Systematik der Forschung verlangt, daß wir zunächst von der einfachsten Annahme ausgehen. Da die Spannung jedenfalls die Ursache aller Veränderungen in den festen Körpern ist, z. B. auch der Formänderung, ist es logisch, das Kriterium des Bruches nur durch Betrachtung der Spannungen zu suchen. Denn, wie gesagt, die vor dem Bruch eintretenden Formänderungen, die ja an und für sich Spannungsänderungen hervorbringen, sind so klein bei den technisch wichtigen Stoffen, daß eine Beeinflussung des Spannungszustandes durch die Dehnungen nicht in Betracht gezogen werden muß. Wir haben es also nur mit dem Spannungstensor zu tun, d. h. mit einer Größe, die im allgemeinen durch 6 Komponenten erst bestimmt ist. Liegt das Verhältnis dieser 6 Komponenten fest, so muß der Bruch einfach bei einer bestimmten Intensität des Zustandes eintreten. *Die Frage ist: Welche Kombination der 6 Komponenten ist ein Maß für die Bruchgefahr?*

Als Vorarbeit zur Beantwortung dieser Frage untersuchen wir die Invarianten des Spannungstensors.

Da ist zunächst die lineare Invariante

$$\sigma = (1/3)\,(\sigma_{11} + \sigma_{22} + \sigma_{33}). \tag{1}$$

Ihre Bedeutung für das Maß des hydrostatischen Druckes oder Zuges ist einleuchtend. Wenn eine solche hydrostatische Spannung keine Winkelverzerrung im Materiale hervorrufen kann, nennen wir das Material *isotrop*.

Wir ziehen nun die allseitig gleiche Normalspannung σ von dem Spannungszustande σ_{ik} ab und erhalten so den sog. *Spannungsdeviator*

$$\sigma'_{ik} = \sigma_{ik} - g_{ik}\,\sigma, \tag{2}$$

denn

$$g_{ik}\,\sigma'_{ik} = g_{ik}\,\sigma_{ik} - g_{ik}\,g_{ik}\,\sigma = 0.$$

Dieser Tensor σ_{ik}' hat 6 Komponenten, wir ordnen ihm aber eine Größe T_{I} zu, die wir als das Maß der Intensität dieses Deviators betrachten. Diese Größe definieren wir durch

$$2\,T_{\mathrm{I}}^2 = \sigma'_{mn}\,\sigma'_{mn}. \tag{3}$$

Diese Invariante T_{I} kann für sich nie eine Veränderung des Volumens im Gefolge haben, ihre Bedeutung wollen wir durch die folgende Überlegung klarstellen. Aus (3) ergibt sich

$$\begin{aligned} 2\,T_{\mathrm{I}}^2 &= (\sigma_{mn} - \sigma\,g_{mn})\,(\sigma_{mn} - \sigma\,g_{mn}) \\ &= \sigma_{mn}\,\sigma_{mn} - 3\,\sigma^2 \\ &= \sigma_{11}^2 + \sigma_{22}^2 + \sigma_{33}^2 + 2\,\sigma_{23}^2 + 2\,\sigma_{31}^2 + 2\,\sigma_{12}^2 - 3\,\sigma^2. \end{aligned}$$

Setzen wir

$$\sigma_{11} = \sigma_1; \quad \sigma_{22} = \sigma_2; \quad \sigma_{33} = \sigma_3;$$
$$\sigma_{12} = \tau_3; \quad \sigma_{23} = \tau_1; \quad \sigma_{31} = \tau_2;$$

so wird

$$2\,T_{\mathrm{I}}^2 = \sigma_1^2 + \sigma_2^2 + \sigma_3^2 + 2\,\tau_1^2 + 2\,\tau_2^2 + 2\,\tau_3^2 - 3\,\sigma^2.$$

Man kann nun das Koordinatensystem so wählen, daß

$$\sigma_1 = \sigma_2 = \sigma_3 = \sigma,$$

was auf einfach unendlich viele Arten geschehen kann, dann wird

$$T_{\mathrm{I}}^2 = \tau_1^2 + \tau_2^2 + \tau_3^2 \tag{3a}$$

Die Invariante T_{I} mißt also die Intensität der mittleren Schubspannung. Nun gibt es aber noch eine kubische Invariante, und damit ist die Zahl der Invarianten erschöpft. Alle anderen Invarianten lassen sich auf diese drei zurückführen.

$$6\,T_{\mathrm{II}}^3 = \sigma'_{mp}\,\sigma'_{pn}\,\sigma'_{nm}$$
$$\begin{aligned} 6\,T_{\mathrm{II}}^3 &= (\sigma_{mp} - g_{mp}\,\sigma)\,(\sigma_{pn} - g_{pn}\,\sigma)\,(\sigma_{nm} - g_{nm}\,\sigma) \\ &= \sigma_{mp}\,\sigma_{pn}\,\sigma_{nm} - 3\,\sigma \cdot \sigma_{mn} \cdot \sigma_{mn} + 6\,\sigma^3 \\ &= 6\,\tau_1\,\tau_2\,\tau_3 + 6\,\sigma^3 + 3\,\sigma\,(\tau_1^2 + \tau_2^2 + \tau_3^2) \\ &\quad - \sigma_1\,(\sigma_2^2 + \sigma_3^2) - \sigma_2\,(\sigma_1^2 + \sigma_3^2) - \sigma_3^2\,(\sigma_1^2 + \sigma_2^2) \\ &\quad - 3\,\sigma_1\,\tau_1^2 - 3\,\sigma_2\,\tau_2^2 - 3\,\sigma_3\,\tau_3^2. \end{aligned}$$

Wählt man die Achsenrichtungen so, daß $\sigma_1 = \sigma_2 = \sigma_3 = \sigma$, so ergibt sich

$$T_{\mathrm{II}}^3 = \tau_1\,\tau_2\,\tau_3 \tag{3b}$$

Als Maß der Intensitäten der drei unabhängigen einfachsten Invarianten haben wir also die Spannungsgrößen σ, T_{I}, T_{II}. Die erste hat die Bedeutung einer allseitig gleichen Normalspannung, die zweite und dritte sind bei geeigneter Wahl des Bezugssystems Schubspannungen.

Nach dieser vorbereitenden Untersuchung wollen wir sehen, wie man diese Intensitäten zur Beurteilung der Bruchgefahr verwenden kann.

2. BRUCH UND PLASTIZITÄT

Eine grundlegende moderne Behandlung der Frage nach einem rationellen Bruchkriterium hat Otto Mohr gegeben. Während seine Vorgänger sich damit begnügten, die Bruchgefahr nur für bestimmte Verhältnisse der Komponenten zu studieren, erkannte Mohr, daß beim Bruch sowohl die Intensität des Schubes als auch der Druck auf die dabei entstehende Trennungsfläche eine Rolle spielen müßten.

Bei der Durchführung dieser physikalischen Einsicht ließ sich Mohr durch seine graphische Darstellung des Spannungszustandes leiten. Er setzte die Normalspannungen als Abszissen, und die auf dieselbe Fläche bezogenen größten Schubspannungen als Ordinaten aus, erhielt so eine durch 3 Kreise begrenzte Fläche, die er als möglichen Ort aller Spannungszustände betrachtete und entnahm daraus die größte Schubspannung.

Mohrs Gedanke war dabei, die größte Schubspannung als maßgebend für die Zerstörung des Werkstoffes anzusehen und der zugehörigen Normalspannung einen gewissen Einfluß auf die Größe der kritischen Schubspannung zuzuschreiben in dem Sinne, daß bei gleicher absoluter Größe der Schubspannungen eine Normaldruckspannung sich günstiger auswirken muß als eine Normalzugspannung. Graphisch dargestellt führt somit die Mohrsche Theorie zur Bestimmung der Grenzkurve eines Spannungszustandes. Diese Grenzkurve ist dann für jedes Material verschieden und gibt (natürlich nur für eine bestimmte Temperatur) eine erschöpfende Beschreibung der Festigkeit des Materials.

Es ist ohne weiteres klar, daß diese Auffassung auf einer richtigen physikalisch-mechanischen Grundlage ruht, weshalb die Mohrsche Theorie auch bei namhaften Vertretern der technischen Mechanik in Deutschland großen Anklang fand. Nun haben aber die Versuche gezeigt, daß die Darstellung des Mohrschen Diagramms sich zur Wiedergabe der Plastizitätsbedingung wenig eignet[1]). Auch die Wahl nur zweier Spannungsgrößen für das Kriterium des Bruches hat Mohr nicht hinreichend zu begründen vermocht, so daß sich seine Auffassung im Auslande nicht durchsetzen konnte. Es haben daher neuere amerikanische Forscher, z. B. Westergaard, eine graphische Darstellung vorgeschlagen, bei welcher man ein räumliches System wählt mit den 3 Hauptspannungen als Koordinaten. Man bekommt dann auf Grund der Versuchsergebnisse eine Spannungsfläche, deren Punkte den kritischen Zuständen des Werkstoffes entsprechen. Diese rein empirische Methode besticht dadurch, daß nunmehr jedes willkürliche Element ausgeschaltet erscheint.

Wir möchten hier eine vermittelnde Stellung einnehmen. Zunächst sind wir mit Westergaard einig darin, daß von den Spannungsinvarianten auszugehen ist. Die Bauart dieser drei unabhängigen Invarianten, wie wir sie soeben darstellten, ist aber von solcher Art, daß eine Grenzkurve des Stoffes tatsächlich existiert. Betrachten wir einmal diese 3 Invarianten σ, T_{I}, T_{II}. Die erste hat nur eine Volumenänderung im Gefolge, während die beiden anderen nur die Form verzerren, aber das Volumen unverändert lassen.

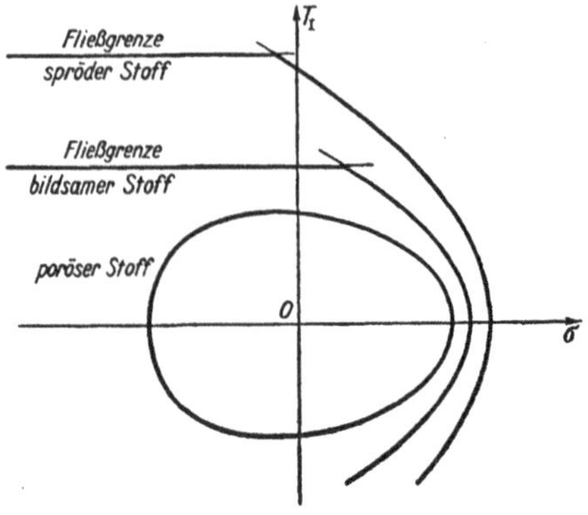

Bild 5.

Es liegt nun nahe, in einem rechtwinkligen Koordinatensystem gerade diese 3 Invarianten als Koordinaten der kritischen Spannungspunkte aufzutragen. Bei isotropen Körpern erscheint

[1]) Vgl. z. B. die Monographie von W. T. Burzynski, Studjum nad hipotezami wyteznenia. Lwow 1928.

die kritische Grenzfläche dann praktisch als Zylinderfläche, deren Erzeugende parallel zur T_{II}-Achse laufen; die dritte Invariante wird also physikalisch bedeutungslos. Damit sind wir aber im wesentlichen wieder bei Mohr angelangt, nur haben wir seine maximale Scherspannung durch die rationale Invariante T_I, seine Normalspannung durch den hydrostatischen Spannungsanteil ersetzt.

Der Unterschied ist nicht bedeutend, dafür haben wir jetzt die Möglichkeit, Bruch und Plastizitätserscheinungen in *einem* Diagramm darstellen zu können. Wie bei Mohr, bekommen wir für die meisten Werkstoffe parabolische Grenzkurven. Nur bei porösen Stoffen, die auch durch rein hydrostatischen Druck zerstört werden können, läuft die Grenzkurve in sich zurück.

Die Bedingung $T_I = \text{const}$ für den Beginn des bildsamen Fließens drückt sich in unserem Diagramm durch eine gerade Linie parallel der σ-Achse aus. Die Überschneidung der beiden Grenzkurven für Bruch und Plastizität erfolgt für die bildsamen Metalle rechts von der Ordinatenachse, für die brüchigen Stoffe aber links davon unter hydrostatischem Druck.

Wie man aus der Bedeutung von T_I sieht, muß es für jeden noch so bildsamen Stoff Spannungszustände geben, für welche der Bruch ohne vorhergehende plastische Verformung eintreten muß, ohne daß man einen solchen Bruch als „Ermüdung" ansprechen dürfte. Versuchstechnisch lassen sich solche Brüche sehr schwer verwirklichen, es ist aber stets möglich, bei Erzeugung geeigneter Temperaturspannungen solche, plötzliche Brucherscheinungen hervorzurufen. Nehmen wir einmal an, daß die Grenzkurve durch

$$T_I = (T_I)_0 \sqrt{1 - \sigma/\sigma_0} \qquad (4)$$

gegeben sei. Dabei bedeutet $(T_I)_0$ die kritische Spannungsintensität bei der Verwindung eines dünnwandigen Hohlzylinders und σ_0 die allerdings nicht direkt beobachtbare Grenzspannung durch allseitigen Zug. Verwirklichen lassen sich der einachsige und der zweiachsige Zustand für positive und negative hydrostatische Spannungsanteile, und man sieht, wie die zulässige Intensität für Druck rasch steigt. Es würde sich wohl als zweckmäßig erweisen, den Begriff der *Bruchwahrscheinlichkeit* einzuführen. Für einen Spannungszustand auf der Grenzkurve würden wir dann die Bruchwahrscheinlichkeit 1 haben.

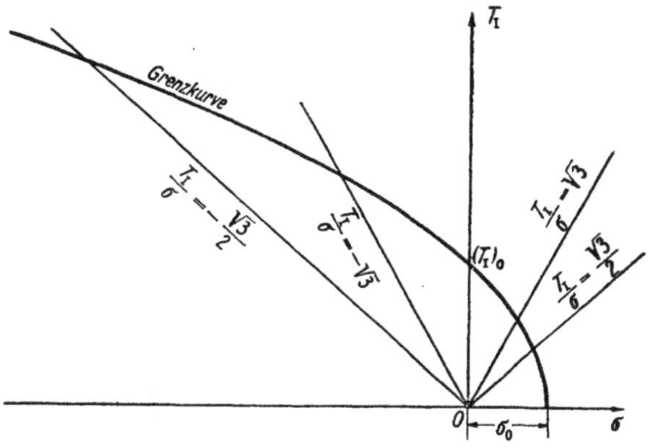

Bild 6.

Wir erinnern nochmals daran, daß diese Betrachtungen nur für ursprünglich isotrope Körper gelten können, die sich bis zum Bruch oder bis zum bildsamen Verhalten nur wenig verformen lassen. Wir verweisen den Leser auf neuere Arbeiten[1]) über den Gegenstand, die zu ähnlichen Ergebnissen kommen.

D. BEZIEHUNG ZWISCHEN SPANNUNG UND VERFORMUNG

1. DAS ELASTIZITÄTSGESETZ

Die Beziehung zwischen den Formänderungen und Spannungen heißt Elastizitätsgesetz. Wenn man nicht ganz willkürliche Annahmen einführen will, kann ein solches Gesetz nur für unendlich kleine Verformungen angeschrieben werden, und zwar unter den folgenden Voraussetzungen:

1. Das Material ist ideal elastisch, d. h. die Formänderung geht nach der Entlastung restlos zum Anfangszustand zurück, und die volle beim Belasten geleistete Arbeit wird dabei zurückgegeben.
2. Es sind keine Anfangsspannungen im Material vorhanden.
3. Das Material verhält sich nach allen Richtungen gleichartig, d. h. es ist isotrop.

Wir können dann mit Bezug auf die Formeln 6 unter B ein lineares Superpositionsgesetz annehmen von folgender Form:

$$\Delta\, \sigma'_{ik} = 2\,G \cdot \Delta\, \mathrm{e}'_{ik} \tag{1a}$$

$$\left.\begin{aligned} \Delta\, \sigma &= K \cdot \Delta\, e \\ \Delta\, e &= \Delta\, e_{11} + \Delta\, e_{22} + \Delta\, e_{33} \end{aligned}\right\} \tag{1b}$$

Dieses Gesetz ist natürlich unabhängig von der Erfahrung, da unter den angegebenen Bedingungen ein komplizierteres Gesetz immer durch Reihenentwicklung auf die Grundform (1) gebracht werden könnte. Über den praktischen Wert eines solchen Gesetzes kann allerdings nur die Erfahrung entscheiden. Das Gesetz ist ein Differentialgesetz, denn es verbindet linear die Zuwüchse der Spannungen mit den Zuwüchsen der Dehnung.

Wir wollen das Elastizitätsgesetz (1) *holonom* nennen, wenn es ohne weiteres in der Form integriert werden kann:

$$\sigma_{ik} = 2\,G\, \mathrm{e}_{ik} \tag{2a}$$

$$\sigma = K\, e. \tag{2b}$$

Die klassische Elastizitätslehre hat, unter Berufung auf die Bestätigung durch die Erfahrung, das Gesetz (2) angenommen, mit der Einschränkung allerdings, daß die e_{ik}' so klein sein sollen, daß die zweiten Potenzen dieser Größen stets gegen die ersten vernachlässigt werden können.

---

[1]) Vgl. P. W. Bridgeman, Mechanical Engineering 1939, p. 107—111. Vgl. auch H. Hencky, Der Stahlbau, 16. Jahrgang, 43, S. 95—97.

Es scheint also ein durch die Erfahrung bestätigtes holonomes Elastizitätsgesetz zu geben. In Wirklichkeit ist die Existenz eines holonomen Elastizitätsgesetzes eine theoretische Unmöglichkeit. Um das Gesetz (2) richtigzustellen, hat man nämlich die Spannungen noch mit dem Verhältnisse der Volumina vor und nach der Verzerrung zu multiplizieren, gemäß B, 3., also:

$$\sigma'_{ik} \cdot \mathrm{d}\overline{V}/\mathrm{d}V = 2\,G\,e'_{ik} \tag{3a}$$

$$\sigma \cdot \mathrm{d}\overline{V}/\mathrm{d}V = K\,e. \tag{3b}$$

Dieses Verhältnis der Volumina ist nun freilich in den meisten Fällen so wenig von der Einheit verschieden, daß gegen die Verwendung der Gleichung (2) keine Bedenken bestehen.

Der zweite Einwand gegen das Gesetz ist wesentlich ernster. Es ist nämlich eine ganz willkürliche Annahme, daß die Isotropie durch die Verformung nicht geändert werden soll. Merkwürdigerweise hat man das Verhalten von Gummi bei großen Verformungen als eine Ausnahme von der Regel angesehen und angenommen, daß alle „normalen" Stoffe auch bei endlichen Verformungen isotrop bleiben.

In Wirklichkeit hat nur das Superpositionsgesetz (1) einen physikalisch einwandfreien Charakter. Es muß aber hervorgehoben werden, daß es prinzipiell nicht richtig sein kann, wenn der Körper bereits Spannungen hat, da in diesem Falle auch das Superpositionsgesetz von diesen Anfangsspannungen abhängig sein muß. Gegenwärtig interessiert man sich freilich für diese Gesetzmäßigkeiten überhaupt nicht, da man glaubt, bei Bearbeitung derartiger Probleme würden die „wertvolleren" praktischen Aufgaben der Materialprüfung beeinträchtigt. Infolgedessen werden wir uns an das Gesetz (1) halten, bemerken aber, daß unsere weiteren Entwicklungen auch mit einem genaueren Gesetz durchgeführt werden können.

Auch der in der Technik üblichen Gleichung (2) werden wir uns — mit den angeführten Vorbehalten — bedienen. Dabei wird es oft nötig sein, bei praktischen Anwendungen von der Zwei-Indizesmethode zu einer Ein-Indexmethode überzugehen, wobei wir folgende Vereinbarung machen wollen:

Wir setzen

$$\left.\begin{array}{c} e_{11} = e_1;\quad e_{22} = e_2;\quad e_{33} = e_3;\quad e_{23} = \gamma_1;\quad e_{31} = \gamma_2;\quad e_{12} = \gamma_3 \\ e_1 + e_2 + e_3 = e;\quad \sigma = K e \\ \sigma_1 - \sigma = 2\,G\,(e_1 - e/3);\quad \sigma_2 - \sigma = 2\,G\,(e_2 - e/3);\quad \sigma_3 - \sigma = 2\,G\,(e_3 - e/3) \\ \tau_1 = 2\,G\gamma_1;\quad \tau_2 = 2\,G\gamma_2;\quad \tau_3 = 2\,G\gamma_3. \end{array}\right\} \tag{4}$$

An Stelle des Kompressionsmoduls K wird in der Technik oft die Querkontraktionsziffer m, an Stelle des Schubmoduls G die als Elastizitätsmodul bezeichnete Größe E eingeführt. Die Gleichungen (4) kann man auch in folgender Weise schreiben

$$\sigma_i = 2\,G\left(e_i + e\left(\frac{K}{2\,G} - \frac{1}{3}\right)\right);\quad \tau_i = 2\,G\gamma_i \tag{4a}$$

Aus (4a) kann man sofort die Bedeutung der Größen E und m erhalten, und zwar am Beispiel des einachsigen Spannungszustandes, der der Einfachheit halber auf die Hauptachsen bezogen werden möge.
Es wird dann

$$\sigma_1 = \sigma_2 = 0; \quad e_1 = e_2.$$

Setzen wir

$$3 \cdot 1/(m-2) = 3\,K/(2\,G) - 1/3,$$

wobei wir die Bedeutung dieser Substitution noch offen lassen, so wird wegen $\sigma_1 = 0$:

$$e_1 + (2\,e_1 + e_3)/(m-2) = 0$$

$$e_1 = -\frac{1}{m}\,e_3, \tag{5a}$$

wodurch der Zusammenhang von m mit der Querkontraktion geklärt ist.
Die Spannung σ_3 wird dann

$$\sigma_3 = 2\,G\,\frac{1+m}{m}\,e_3, \tag{5b}$$

und die Größe

$$E = 2\,G\,\frac{1+m}{m} \tag{5c}$$

wird als Elastizitätsmodul bezeichnet.

2. DER EBENE SPANNUNGSZUSTAND

Eine ganz besondere Wichtigkeit kommt dem Elastizitätsgesetz für $\sigma_3 = 0$ zu, besonders in der Theorie der Platten und Schalen. In diesem Fall ergibt nämlich Gleichung (4)

$$\sigma_1 = 2\,G\left(e_1 + \frac{1}{m-2}\,(e_1 + e_2 + e_3)\right);$$

$$\sigma_2 = 2\,G\left(e_2 + \frac{1}{m-2}\,(e_1 + e_2 + e_3)\right);$$

$$0 = e_3 + \frac{1}{m-2}\,(e_1 + e_2 + e_3).$$

Eliminiert man aus der letzten Gleichung e_3, so erhält man das System

$$\left.\begin{aligned} \sigma_1 &= 2\,G\left(e_1 + \frac{1}{m-1}\,(e_1 + e_2)\right)\\ \sigma_2 &= 2\,G\left(e_2 + \frac{1}{m-1}\,(e_1 + e_2)\right)\\ \tau_3 &= 2\,G\,\gamma_3 \end{aligned}\right\} \tag{6}$$

Die Gleichung kann auch verwendet werden, wenn σ_3 nicht verschwindet, sondern nur klein im Verhältnis zu σ_1 und σ_2 ist. Wir werden die ganze Platten- und Schalentheorie mit Hilfe dieser Beziehungen so vereinfachen, daß zum Ableiten der Schalengleichungen keinerlei Kenntnisse der Differentialgeometrie mehr erforderlich sind.

Man kann die Gleichung (6) in einer etwas verschiedenen Weise schreiben, wenn man einen besonderen Modul für Scheibenprobleme einführt. Wir definieren diesen Modul durch die Formel

$$E' = E\, m^2/(m^2 - 1).$$

Man erhält dann eine der Gleichung (6) gleichwertige Formulierung des Elastizitätsgesetzes für Scheibenprobleme in der Form

$$\sigma_1 = E'\left(e_1 + \frac{1}{m} e_2\right); \quad \sigma_2 = E'\left(e_2 + \frac{1}{m} e_1\right); \quad \tau = E' \frac{m-1}{m} \gamma_3. \qquad (7)$$

II. Der inhomogene Spannungs- und Verzerrungszustand

Wenn der Verzerrungszustand von Punkt zu Punkt wechselt, können die im ersten Abschnitt für die homogene Verzerrung entwickelten Formeln ohne weiteres verwendet werden, wenn wir von einem rechtwinkligen kartesischem Bezugssystem Gebrauch machen. Nur sind jetzt die Verschiebungen Δu_i nicht mehr lineare Funktionen der Koordinaten und ihre Ableitungen nicht mehr konstante Größen. Dagegen bedürfen unsere Entwicklungen einer Ergänzung, wenn wir von einem krummlinigen System Gebrauch machen wollen.

A. KRUMMLINIGE ORTHOGONALE KOORDINATEN

1. ANALYSE DER VERZERRUNG IN KRUMMLINIGEN ORTHOGONALEN KOORDINATEN

Die Versuchung ist groß, die Ableitungen mit Hilfe der Tensorrechnung durchzuführen; es ist jedoch besser, wenn wir in diesem Bändchen diesen Weg nicht beschreiten.

Wir ziehen vor, die Ableitungen so durchzuführen, daß dem Leser die Benutzung des grundlegenden Lehrbuches von Love[1]) erleichtert wird, dessen Darstellung wir in diesem Kapitel folgen.

Wir gehen aus von der Form des Bogenelementes $\mathrm{d}s$. Es seien

$\mathrm{d}n_i$ $(i = 1, 2, 3)$ die Längen der Bogenkomponenten,

α, β und γ die Koordinaten im krummlinigen orthogonalen System und h_i die *reziproken Faktoren des Bogenelementes*, also

$$\mathrm{d}n_1 = \frac{\mathrm{d}\alpha}{h_1}; \quad \mathrm{d}n_2 = \frac{\mathrm{d}\beta}{h_2}; \quad \mathrm{d}n_3 = \frac{\mathrm{d}\gamma}{h_3}, \text{ dann gilt}$$

$$\mathrm{d}s^2 = \mathrm{d}n_1^2 + \mathrm{d}n_2^2 + \mathrm{d}n_3^2 = \mathrm{d}\alpha^2/h_1^2 + \mathrm{d}\beta^2/h_2^2 + \mathrm{d}\gamma^2/h_3^2. \qquad (1)$$

Jetzt verformen wir den ganzen Raum infinitesimal, aber wieder orthogonal, und benutzen dazu die Ableitungen des Abschnittes I. Die verformten Bogenelemente seien

$$\mathrm{d}\bar{n}_1, \ \mathrm{d}\bar{n}_2 \text{ und } \mathrm{d}\bar{n}_3;$$

es gilt dann, da ja orthogonal verformt ist:

$$\mathrm{d}\bar{s}^2 = \mathrm{d}\bar{n}_1^2 + \mathrm{d}\bar{n}_2^2 + \mathrm{d}\bar{n}_3^2.$$

Wir setzen $\mathrm{d}\bar{s} = \mathrm{d}s\,(1 + \Delta e)$, wobei Δe die Dehnung eines Elementes bedeutet, welche die Richtungskosinusse l_α, l_β und l_γ hatte. Die Indizes α, β und γ besagen

[1]) 4. Auflage, S. 51 u. f. Auch in der Technischen Dynamik von Biezeno Grammel, Springerverlag 1939, findet der Leser die entsprechenden Ableitungen auf S. 42 u. ff.

sinngemäß hier und im folgenden, daß die Größen für den Punkt $(\alpha; \beta; \gamma)$ gelten und sich auf ein aus den Normalen zu den Flächen $\alpha = \text{const}$; $\beta = \text{const}$ und $\gamma = \text{const}$ gebildetes örtliches kartesisches System beziehen. Infolge der Verschiebungen um die Weglängen Δu_α, Δu_β, und Δu_γ wird die α-Koordinate eines Punktes $(\alpha; \beta; \gamma)$ zu $\alpha + h_1 \Delta u_\alpha$, die α-Koordinate eines Punktes $(\alpha + d\alpha; \beta + d\beta; \gamma + d\gamma)$ wird:

$$\alpha + d\alpha + h_1 \Delta u_\alpha + d\alpha\, \partial_\alpha (h_1 \Delta u_\alpha) + d\beta\, \partial_\beta (h_1 \Delta u_\alpha) + d\gamma\, \partial_\gamma (h_1 \Delta u_\alpha).$$

Um die neue Länge des Elementes zu rechnen, müssen wir die Änderungen in $dn_1 = d\alpha/h_1$ ermitteln; $1/h_1$ wird dabei geändert in

$$1/h_1 + h_1 \Delta u_\alpha\, \partial_\alpha (1/h_1) + h_2 \Delta u_\beta\, (1/h_1) + h_3 \Delta u_\gamma\, \partial_\gamma (1/h_1);$$

$d\alpha/h_1$ geht also über in

$$(d\alpha + d\alpha\, \partial_\alpha (h_1 \Delta u_\alpha) + d\beta \cdot \partial_\beta (h_1 \Delta u_\alpha) + d\gamma \cdot \partial_\gamma (h_1 \Delta u_\alpha)) \text{ mal}$$
$$\text{mal } (1/h_1 + h_1 \Delta u_\alpha\, \partial_\alpha (1/h_1) + h_2 \Delta u_\beta\, \partial_\beta (1/h_1) + h_3 \Delta u_\gamma\, \partial_\gamma (1/h_1)).$$

Vernachlässigen wir hier die gegenseitigen Produkte und die höheren Potenzen der Verschiebungen, dann erhalten wir:

$$d\bar{n}_1 = d\alpha/h_1 + d\alpha\, (\partial_\alpha \Delta u_\alpha + h_2 \Delta u_\beta\, \partial_\beta (1/h_1) + h_3 \Delta u_\gamma\, \partial_\gamma (1/h_1)) +$$
$$+ d\beta\, (1/h_1)\, \partial_\beta (h_1 \Delta u_\alpha) + d\gamma\, (1/h_1)\, \partial_\gamma (h_1 \Delta u_\alpha). \quad (2)$$

Durch zyklische Vertauschung der α, β, γ ergeben sich ohne weiteres die Formeln für $d\bar{n}_2$ und $d\bar{n}_3$. Wir bilden nun

$$d\bar{s}^2 = d\bar{n}_1^2 + d\bar{n}_2^2 + d\bar{n}_3^2,$$

setzen aber dabei $d\alpha/h_1 = ds \cdot l_\alpha$; $d\beta/h_2 = ds \cdot l_\beta$; $d\gamma/h_3 = ds \cdot l_\gamma$; und da $d\bar{s}/ds = 1 + \Delta e$, so erhalten wir

$$(1 + \Delta e)^2 = \left[l_\alpha \left(1 + h_1 \partial_\alpha \Delta u_\alpha + h_1 h_2 \Delta u_\beta \partial_\beta \left(\frac{1}{h_1}\right) + h_1 h_3 \Delta u_\gamma \partial_\gamma \left(\frac{1}{h_1}\right)\right) + \right.$$
$$\left. + l_\beta \frac{h_2}{h_1} \partial_\beta (h_1 \Delta u_\alpha) + l_\gamma \frac{h_3}{h_1} \partial_\gamma (h_1 \Delta u_\alpha)\right]^2 + \left[\cdots\right]^2 + \left[\cdots\right]^2.$$

Unter Vernachlässigung der Größen höherer Ordnung können wir wieder schreiben:

$$\Delta e = l_\alpha^2 \Delta e_{\alpha\alpha} + l_\beta^2 \Delta e_{\beta\beta} + l_\gamma^2 \Delta e_{\gamma\gamma} + 2\, l_\beta l_\gamma \Delta e_{\beta\gamma} + 2\, l_\alpha l_\gamma \Delta e_{\alpha\gamma} + 2\, l_\beta l_\alpha \Delta e_{\beta\alpha}, \quad (3\text{a})$$

wobei die Tensorkomponenten $\Delta e_{\alpha\beta}$ nun durch folgende Formeln bestimmt werden:

$$\left.\begin{aligned}
\Delta e_{\alpha\alpha} &= h_1 \partial_\alpha \Delta u_\alpha + h_1 h_2 \Delta u_\beta \partial_\beta \left(\frac{1}{h_1}\right) + h_3 h_1 \Delta u_\gamma \partial_\gamma \left(\frac{1}{h_1}\right) \\
\Delta e_{\beta\beta} &= h_2 \partial_\beta \Delta u_\beta + h_2 h_3 \Delta u_\gamma \partial_\gamma \left(\frac{1}{h_2}\right) + h_1 h_2 \Delta u_\alpha \partial_\alpha \left(\frac{1}{h_2}\right) \\
\Delta e_{\gamma\gamma} &= h_3 \partial_\gamma \Delta u_\gamma + h_3 h_1 \Delta u_\alpha \partial_\alpha \left(\frac{1}{h_3}\right) + h_2 h_3 \Delta u_\beta \partial_\beta \left(\frac{1}{h_3}\right) \\
\Delta e_{\beta\gamma} &= ((h_2/h_3)\, \partial_\beta (h_3 \Delta u_\gamma) + (h_3/h_2)\, \partial_\gamma (h_2 \Delta u_\beta))\,/\,2 \\
\Delta e_{\gamma\alpha} &= ((h_3/h_1)\, \partial_\gamma (h_1 \Delta u_\alpha) + (h_1/h_3)\, \partial_\alpha (h_3 \Delta u_\gamma))\,/\,2 \\
\Delta e_{\alpha\beta} &= ((h_1/h_2)\, \partial_\alpha (h_2 \Delta u_\beta) + (h_2/h_1)\, \partial_\beta (h_1 \Delta u_\alpha))\,/\,2
\end{aligned}\right\} \quad (3\text{b})$$

Die Summe der Dehnungen in den Richtungen α, β, γ wird

$$\Delta e_{\alpha\alpha} + \Delta e_{\beta\beta} + \Delta e_{\gamma\gamma} = h_1 h_2 h_3 \left(\partial_\alpha \left(\frac{\Delta u_\alpha}{h_2 h_3}\right) + \partial_\beta \left(\frac{\Delta u_\beta}{h_3 h_1}\right) + \partial_\gamma \left(\frac{\Delta u_\gamma}{h_1 h_2}\right)\right). \tag{3 c}$$

Diese elementare Ableitung findet sich bereits bei C. W. Borchardt (Journal für Mathematik, Crelle, Bd. 76, 1873). Wir werden später Beispiele zur Anwendung dieser Formeln beibringen, ziehen aber vor, an dieser Stelle die Entwicklung nicht zu unterbrechen.

Die Formeln (3b) bestimmen die Verformung im krummlinigen System. Sie bedürfen einer Ergänzung durch die Formeln für die Drehung, zu deren Ableitung wir uns jetzt wenden.

2. DIE DREHUNG IM KRUMMLINIGEN KOORDINATENSYSTEM

Um eine kurze Ableitung der Formeln für die Drehung zu geben, benützen wir den Integralsatz von Stokes:

Es sei im Felde der Verformung eine geschlossene Kurve S gezogen. Die Verschiebungen längs der Kurvenelemente seien Δu_s. Durch diese Kurve legen wir eine beliebige Fläche O. Die Projektion der Rotation in einem Punkte dieser Fläche auf die Normale in diesem Punkte sei $\Delta \omega_n$. Dann gilt die Integralbeziehung

$$2 \cdot \int^{O} \Delta \omega_n \cdot \mathrm{d} O = \int^{S} \Delta u_s \cdot \mathrm{d} s. \tag{4}$$

Sie entspricht dem Satz von Stokes. Im folgenden sind zur Vereinfachung die Hinweise über die Integrationsgebiete meist fortgelassen.

Läßt man die Oberfläche zu einem kleinen Kreis zusammenschrumpfen, so kann man die Bedeutung dieses Satzes an einem sehr trivialen Fall aufzeigen. Man erhält nämlich

$$\Delta \omega_n = \int \Delta u_s \, \mathrm{d} s / (2 \int d O). \tag{4 a}$$

Lassen wir eine steife Platte rotieren, so wird

$$\int \mathrm{d} O = a^2 \pi; \quad \int \Delta u_s \cdot \mathrm{d} s = \int a \Delta \omega \cdot a \, \mathrm{d} \varphi = 2 a^2 \pi \cdot \Delta \omega, \quad \text{also} \quad \Delta \omega_n = \Delta \omega.$$

Der Übergang zu krummlinigen Systemen ist immer sehr einfach, *wenn nur Vektor- und Tensorkomponenten in der Rechnung vorkommen, ohne daß eine Differentiation vorgenommen wird*; die gewöhnliche Differentiation ist nämlich keine invariante Operation. Wir können daher die Formel (4) ohne weiteres auf ein krummliniges Element anwenden, wobei wir das Linienintegral über eine aus den Elementen $\mathrm{d} n_1$, $\mathrm{d} n_2$ gebildete geschlossene Kurve nehmen.

$\mathrm{d} O = \mathrm{d} \alpha \, \mathrm{d} \beta / (h_1 h_2)$. Das Linienintegral hat folgende Teile:

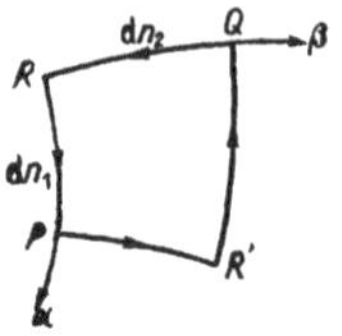

Bild 7.

$$\int_K^P = \Delta u_\alpha \cdot \frac{\mathrm{d} \alpha}{h_1}; \quad \int_Q^R = -\Delta u_\beta \frac{\mathrm{d} \beta}{h_2}.$$

$$\int_{K'}^{Q} = -\Delta u_\alpha \cdot \frac{\mathrm{d} \alpha}{h_1} - \mathrm{d} \beta \, \partial_\beta \left(\Delta u_\alpha \frac{\mathrm{d} \alpha}{h_1}\right.$$

$$\int_{P}^{R'} = + \Delta u_\beta \cdot \frac{\mathrm{d}\beta}{h_2} + \mathrm{d}\alpha\, \partial_\alpha \left(\Delta u_\beta \frac{\mathrm{d}\beta}{h_2}\right). \quad \text{Also}$$

$$\Delta \omega_\gamma \frac{\mathrm{d}\alpha}{h_1} \cdot \frac{\mathrm{d}\beta}{h_2} = \frac{1}{2} \mathrm{d}\alpha\, \mathrm{d}\beta \left(\partial_\alpha \left(\frac{\Delta u_\beta}{h_2}\right) - \partial_\beta \left(\frac{\partial \Delta u_\alpha}{h_1}\right)\right).$$

Durch zyklische Permutation erhalten wir so die folgenden Komponenten der Drehung:

$$\left.\begin{aligned} 2\Delta\omega_\alpha &= h_2 h_3 \left(\partial_\beta (\Delta u_\gamma / h_3) - \partial_\gamma (\Delta u_\beta / h_2)\right) \\ 2\Delta\omega_\beta &= h_3 h_1 \left(\partial_\gamma (\Delta u_\alpha / h_1) - \partial_\alpha (\Delta u_\gamma / h_3)\right) \\ 2\Delta\omega_\gamma &= h_1 h_2 \left(\partial_\alpha (\Delta u_\beta / h_2) - \partial_\beta (\Delta u_\alpha / h_1)\right) \end{aligned}\right\} \quad (5)$$

Damit sind alle Größen abgeleitet, die wir bei unseren Aufgaben benötigen.

B. INHOMOGENE GLEICHGEWICHTSZUSTÄNDE

1. DER INHOMOGENE ZUSTAND IN KARTESISCHEN KOORDINATEN

Auch bei inhomogenem Zustand ist es möglich, einen angenähert homogenen Zustand herzustellen. Man hat nur das Volumenelement hinreichend klein zu nehmen. Die noch vorhandene Veränderlichkeit kann man dann in Form einer linearen Näherung berücksichtigen und erhält die Spannungen $\sigma_{ik} + \partial_k \sigma_{ik}\, \mathrm{d}x_k$. Wir halten uns an die Übereinkunft, daß der erste Index die Richtung der Spannungskomponente angibt, der zweite die Normale zu der Fläche bezeichnet, auf welche die Spannung wirkt. Das Gleichgewicht erfordert zunächst schon beim homogenen Zustand, daß $\sigma_{ik} = \sigma_{ki}$; aber auch die jeweils in einer bestimmten Richtung genommenen Zuwüchse der Spannkräfte müssen einander aufheben, was sich in den beim inhomogenen Spannungszustand gleichfalls zu beachtenden translatorischen Gleichgewichtsbedingungen ausdrückt:

$$\left.\begin{aligned} \partial_1 \sigma_{11} + \partial_2 \sigma_{12} + \partial_3 \sigma_{13} &= 0 \\ \partial_1 \sigma_{21} + \partial_2 \sigma_{22} + \partial_3 \sigma_{23} &= 0 \\ \partial_1 \sigma_{31} + \partial_2 \sigma_{32} + \partial_3 \sigma_{33} &= 0 \end{aligned}\right\} \quad (1)$$

Im Falle von Massenkräften und von Kräften, die auf das Volumen bezogen sind, hat man diese Kräfte statt der 0 auf die rechten Seiten der Gleichungen zu setzen.

An Stelle der drei Gleichungen (1) können wir auf Grund unserer Summationsübereinkunft setzen

$$\partial_k \sigma_{ik} = 0. \quad (1\,\mathrm{a})$$

Die Operation der Differentiation mit gleichzeitiger Summation über einen Index, die sog. *Divergenzbildung*, ist bei Verwendung eines kartesischen Systems eine invariante Operation. Bei Verwendung eines krummlinigen Systems aber gilt die Gleichung

$$\mathrm{div}_k\, \sigma_{ik} = \partial_k \sigma_{ik} \quad (2)$$

nicht, wir erhalten daher für krummlinige Systeme einen wesentlich umständlicheren Ausdruck. Die Divergenzbildung erfordert übrigens nicht gerade einen symmetrischen Tensor. So ist

$$\mathrm{div}_k\,(Z_{ik}) = \partial_k\, Z_{ik} \tag{3a}$$

in kartesischen Koordinaten ein Vektor, ganz gleichgültig, welche physikalische oder mechanische Bedeutung Z_{ik} hat.

Der Gebrauch für die Formulierung der Gleichgewichtsbedingungen ist nur eine der vielen Anwendungen des Divergenzbegriffes. Die dem bekannten *Integralsatz von Gauß* entsprechende Tensorbeziehung

$$\iiint \partial_k\, Z_{ik}\, \mathrm{d}V = \iint Z_{il} \cdot \mathfrak{n}_l\, \mathrm{d}O \tag{3b}$$

bringt das Wesen des Divergenzbegriffes am klarsten zum Ausdruck. Er bezieht sich auf die Werte von Z_{ik} an einer geschlossenen Oberfläche, und im Innern derselben. n_1, n_2, n_3 sind die Kosinusse der nach außen gerichteten Normalen. Von der Richtigkeit der Gleichung überzeugt man sich am besten, wenn man das Integrationsgebiet mit dem Element $dx_1\; dx_2\; dx_3$ zusammenfallen läßt. Die beiden Seiten der Gleichung gehen dann durch Integration über.

2. DIE DIVERGENZOPERATION IN KRUMMLINIGEN KOORDINATEN

Zur Ableitung benützen wir den Satz (3b) in der Form

$$\iiint \mathrm{div}_k\,(Z_{ik}) \cdot \mathrm{d}V = \iint Z_{il} \cdot \mathfrak{n}_l \cdot \mathrm{d}O. \tag{4}$$

Auf der rechten Seite kommen nämlich keine Differentiationen vor, von denen wir wissen, daß sie die Invarianz stören. Wählt man nun das Integrationsgebiet hinreichend klein, dann wird

$$\mathrm{div}_k\,(Z_{ik}) = \iint Z_{il}\, \mathfrak{n}_l\, \mathrm{d}O \,/ \iiint \mathrm{d}V. \tag{4a}$$

Wir haben also nur die im Zähler der Formel (4a) gegebene Summationsvorschrift zu befolgen und dann mit dem Volumenelement zu dividieren. Freilich ändern sich in diesem Fall nicht nur die Größen der Grenzflächen, sondern auch die Richtungen der Normalen, so daß nun eine Reihe von Korrekturen zu berücksichtigen ist. Das Anschreiben dieser Korrekturen wird durch die folgenden Figuren erleichtert, welche die drei Koordinatenflächen $dn_1\, dn_2$, $dn_2\, dn_3$, $dn_3\, dn_1$

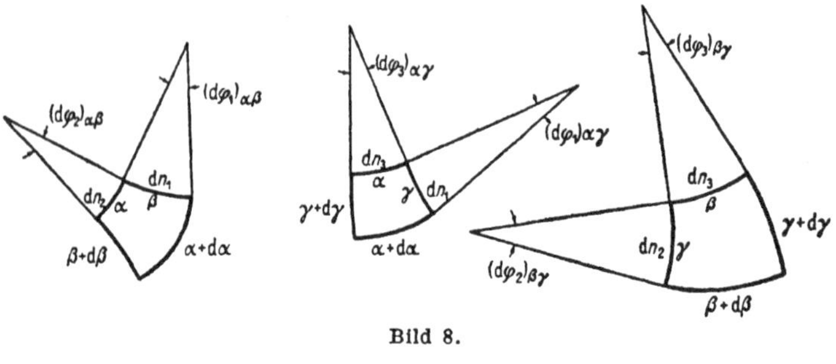

Bild 8.

darstellen. Es gelten folgende Formeln, die leicht aus der Bedeutung der h_1, h_2, h_3 folgen:

$$\begin{aligned} (d\varphi_1)_{\alpha\beta} &= h_2\, \partial_\beta\, (1/h_1)\cdot d\alpha; & (d\varphi_2)_{\beta\gamma} &= h_3\, \partial_\gamma\, (1/h_2)\cdot d\beta \\ (d\varphi_2)_{\alpha\beta} &= h_1\, \partial_\alpha\, (1/h_2)\cdot d\beta; & (d\varphi_3)_{\beta\gamma} &= h_2\, \partial_\beta\, (1/h_3)\cdot d\gamma \\ (d\varphi_1)_{\alpha\gamma} &= h_3\, \partial_\gamma\, (1/h_1)\cdot d\alpha; & (d\varphi_3)_{\alpha\gamma} &= h_1\, \partial_\alpha\, (1/h_3)\cdot d\gamma. \end{aligned}$$

Wir leiten die Divergenzkomponente für die Richtung α ab. Zunächst können wir in erster Näherung die Divergenz für das mit dem α, β, γ-System zusammenfallende kartesische System ohne weiteres anschreiben, wir dürfen nur nicht vergessen, daß die dn_1, dn_2, dn_3 jetzt ebenfalls Änderungen erleiden. Dieser Teil der Divergenz wird folglich

$$\partial_\alpha\, (Z_{\alpha\alpha}\, dn_2\, dn_3)\, d\alpha + \partial_\beta\, (Z_{\alpha\beta}\, dn_1\, dn_3)\, d\beta + \partial_\gamma\, (Z_{\alpha\gamma}\, dn_1\, dn_2)\, d\gamma.$$

Dazu kommen aber noch die Korrekturen für die Richtungsänderungen, und zu diesem Zwecke haben wir die Winkel $d\varphi$ ermittelt. Diese Korrekturen werden für die α-Richtung:

$$\begin{aligned} &Z_{\beta\alpha}\, dn_2\, dn_3\, (d\varphi_1)_{\alpha\beta} + Z_{\gamma\alpha}\, dn_2\, dn_3\, (d\varphi_1)_{\alpha\gamma} \\ &- Z_{\beta\beta}\, dn_1\, dn_3\, (d\varphi_2)_{\alpha\beta} - Z_{\gamma\gamma}\, dn_1\, dn_2\, (d\varphi_3)_{\alpha\gamma}. \end{aligned}$$

Damit sind alle Einflüsse berücksichtigt. Durch Addition und Division mit $\frac{d\alpha\, d\beta\, d\gamma}{h_1 h_2 h_3}$ erhalten wir

$$\begin{aligned} \mathrm{div}_k\,(Z_{\alpha k}) = {} & h_1 h_2 h_3 \left(\partial_\alpha\left(\frac{Z_{\alpha\alpha}}{h_2 h_3}\right) + \partial_\beta\left(\frac{Z_{\alpha\beta}}{h_3 h_1}\right) + \partial_\gamma\left(\frac{Z_{\alpha\gamma}}{h_1 h_2}\right)\right) + \\ & + Z_{\beta\alpha}\, h_1 h_2\, \partial_\beta\,(1/h_1) + Z_{\gamma\alpha}\, h_1 h_3\, \partial_\gamma\,(1/h_1) - \\ & - Z_{\beta\beta}\, h_1 h_2\, \partial_\alpha\,(1/h_2) - Z_{\gamma\gamma}\, h_1 h_3\, \partial_\alpha\,(1/h_3). \end{aligned} \tag{5}$$

Durch zyklische Vertauschung erhält man die entsprechenden Formeln für die β- und γ-Richtung[1]). Diese Formeln für die Divergenz bildet die Grundlage für die Anwendung krummliniger Koordinaten in der Mechanik, wie wir später sehen werden. Um die neuen Methoden zur Ableitung der technischen Näherungsmethoden in leichtverständlicher Weise einzuführen, werden wir zunächst in kartesischen Koordinaten arbeiten.

C. DIE BEDEUTUNG DER ALLGEMEINEN GLEICHGEWICHTSBEDINGUNGEN FÜR DIE SPEZIELLEN TECHNISCHEN NÄHERUNGSTHEORIEN

Da die Divergenz eines Tensors einen Vektor ergibt, erkennen wir, daß die Gleichgewichtsbedingung einen Kraftvektor darstellt. Wenn die Gleichgewichtsbedingung einen Vektor von der Größe 0 ergibt, sprechen wir von einem *Null-*

[1]) Vgl. auch A. E. H. Love, A treatise on the mathematical theroy of elasticity; foruth ed. Cambridge 1927, p. 89—91. Obgleich es nicht der Zweck dieser Arbeit ist, die bekannten Ableitungen zu wiederholen, haben wir doch eine kurze Wiedergabe der theoretischen Grundlagen der Elastizitätslehre für unerläßlich angesehen.

vektor. Wenn das Gleichgewicht im Volumenelement nicht befriedigt ist, sprechen wir von einem *Fehlvektor*.

Bei den technischen Näherungstheorien ist das Gleichgewicht im Element mit unendlich kleinen Ausdehnungen nach allen drei Koordinaten in der Regel nicht befriedigt. Wir haben also Fehlvektoren für diese Elemente. Ein balkenförmiges Element, also ein Element mit zwei unendlich kleinen und einer endlichen Ausdehnung enthält eine unendlich große Menge von solchen dreidimensional unendlich kleinen Elementen, für welche das Gleichgewicht nicht befriedigt ist. Wir haben also unendlich viele Fehlvektoren am Balkenelement als Volumenkräfte. Die Fehlvektoren ergeben aber in ihrer Gesamtheit Gleichgewicht am ganzen Balkenelement in den bisher bekannten technischen Näherungsmethoden.

1. DIE ALLGEMEINEN GLEICHUNGEN DER VIRTUELLEN ARBEIT

Wir wollen die vorstehenden Andeutungen in eine mathematische Form kleiden. Ein elastischer Körper im Zustand des Gleichgewichts sei gegeben. n_i ($i = 1, 2, 3$) sei der Einheitsvektor der Normalenrichtung, X_i sei die Kraft auf die Einheit des Volumens, P_j die Kraft auf die Einheit der Oberfläche ausgeübt und bezogen, δu_i sei die Variation der elastischen Verschiebung eines Punktes. Wir haben dann folgende virtuelle Arbeiten:

Die Arbeit der Oberflächenkräfte: $\int (dO \cdot P_j\, \delta u_j)$,
die Arbeit der Volumenkräfte: $\int (dV\, X_j\, \delta u_j)$,
die Arbeit der Spannungen an der Oberfläche des Elementes, d. h. die Arbeit der inneren Spannungen:

$$\int (dV\, \sigma_{ik} \cdot \partial_k \delta u_i).$$

Damit kann man sofort die Gleichung der virtuellen Arbeiten anschreiben:

$$\int (dO \cdot P_j \cdot \delta u_j) + \int (dV \cdot X_j \delta u_j) = \int (dV \cdot \sigma_{ik} \partial_k \delta u_i).$$

Integrieren wir hier partiell in dem Ausdruck auf der rechten Seite, so erhalten wir ein Oberflächen- und ein Volumenintegral. Das Resultat kann in die Form gebracht werden

$$\int (P_j - \sigma_{jl} \cdot n_l)\, \delta u_j \cdot dO + \int (\partial_k \sigma_{ik} + X_i) \cdot \delta u_i \cdot dV = 0. \tag{1}$$

P_j und $\sigma_{jl} \cdot n_l$ müßten eigentlich gleich sein, sind es aber bei Näherungslösungen im allgemeinen nicht. P_j ist die als fest gegeben zu betrachtende äußere Spannung, σ_{jl} ist die Spannung, die aus dem angenommenen Verschiebungszustand rein analytisch folgt. Nur wenn die Variationen an der Oberfläche und im Innern ganz willkürlich gegeben werden können, müssen die beiden Integrale für sich verschwinden, d. h. es muß sein

$$P_j = \sigma_{ji}\, n_i \tag{2a}$$

$$\partial_k \sigma_{ik} + X_i = 0. \tag{2b}$$

Für die Zwecke der technischen Mechanik, die fast nie mit räumlichen Problemen arbeitet, ist es weit vorteilhafter, die Gleichung (1) in der Integralform zu belassen. In vielen Fällen kann man das Oberflächenintegral weglassen. Also

$$\int (\partial_k \sigma_{ik} + X_i) \cdot \delta u_i \cdot dV = 0. \tag{3}$$

Verzichtet man nun darauf, die δu_i ganz willkürlich zu lassen, aus welcher Forderung ja sofort die Differentialgleichung folgen würde, und nimmt gewisse Einschränkungen der Bewegungsmöglichkeit des Kontinuums an, so ermöglicht uns die Integralform einfachere Differentialgleichungen zu finden.

2. DIE EBENE PLATTE

a) Die Reduktion auf eine partielle Differentialgleichung bei Geltung der Gleichung (2a)

Wie die Einschränkung der Bewegungsmöglichkeit des Kontinuums ausgenutzt werden kann, wollen wir an dem Beispiel der ebenen Platte zeigen. Dabei führen wir jetzt zweckmäßig die übliche Koordinatenbezeichnung ein, denn beim Übergang zu konkreten Problemen bietet die Indizesschreibweise keine Vorteile mehr. Wenn wir annehmen, daß die Normalen zur Mittelfläche auch nach der Deformation senkrecht zur Mittelfläche bleiben und alle Punkte der Mittelfläche sich nur in der z-Richtung verschieben, können wir schreiben

$$u = -\partial_x w_0 \cdot z; \quad v = -\partial_y w_0 \cdot z; \quad w = w_0. \tag{3a}$$

Wir legen also die x-, y-Ebene in die Plattenmittelfläche und die z-Achse in die nach unten gehende Normale. Die Plattendurchbiegung w_0 ist die einzige gesuchte Funktion von x, y.

Diese geometrisch leicht verständliche Reduktion eines simultanen partiellen Systems durch Linearisierung des Problems in der Richtung der kleinsten Abmessung spielt nicht nur in der Theorie der Platte, sondern auch bei gekrümmten Schalen eine große Rolle.

Wir nennen nun die Komponenten des Fehlvektors L_i, also

$$L_i = \partial_k \sigma_{ik} + X_i,$$

dann wird mit $X_i = 0$:

$$L_x = \partial_x \sigma_x + \partial_y \tau_z + \partial_z \tau_y$$
$$L_y = \partial_x \tau_z + \partial_y \sigma_y + \partial_z \tau_x$$
$$L_z = \partial_x \tau_y + \partial_y \tau_x + \partial_z \sigma_z$$

$$\int (L_x \, \delta u + L_y \, \delta v + L_z \, \delta w) \, dV = 0. \tag{4}$$

Da wir nun nur mehr eine unabhängige Funktion w_0 haben, und die u, v, w durch die Beziehungen (3a) miteinander verbunden sind, müssen wir schreiben

$$\int (-L_x \, \partial_x \, \delta w_0 \cdot z - L_y \, \partial_y \, \delta w_0 \cdot z + L_z \, \delta w_0) \, dV = 0 \tag{4a}$$

und erhalten durch partielle Integration

$$\iint \left(\int L_z \, dz + \int z \cdot \partial_x L_x \, dz + \int z \cdot \partial_y L_y \, dz\right) \delta w_0 \, dx \, dy -$$
$$- \int \left(\cos(nx) \int L_x z \, dz + \cos(ny) \int L_y z \, dz\right) \delta w_0 \, ds = 0.$$

Infolge der Willkürlichkeit der virtuellen Verschiebung δw_0 muß das Rand- und das Flächenintegral für sich verschwinden. Betrachten wir zunächst das Randintegral: Für beliebiges δw_0 muß sein:

$$\cos(nx) \int L_x z \, dz + \cos(ny) \int L_y z \, dz = 0.$$

Da aber die Randkurve ganz beliebig ist, muß gelten

$$\left.\begin{aligned} &(\mathrm{I}) && \int L_x z \, dz = 0 \\ &(\mathrm{II}) && \int L_y z \, dz = 0 \end{aligned}\right\} \qquad (5\,a)$$

und durch Einsetzen dieser Resultate in das Flächenintegral

$$\int L_z \, dz = 0. \qquad (5\,b)$$

Diese Integrale sind von $z = \pm h/2$ zu nehmen (h Plattendicke).
Die Gleichungen (5) stellen nichts anderes dar als einen Teil der Gleichgewichtsbedingungen des Elementes von den Abmessungen dx, dy und h unter Einfluß der „Fehlkräfte" mit den Komponenten L_x, L_y, L_z.
Von den 6 Spannungskomponenten sind drei nämlich σ_z, τ_x, τ_y durch die Gleichungen des Gleichgewichts (5a und b) bestimmt, und diese statische Bestimmtheit ist die unmittelbare Folge des von uns angenommenen Schemas.
Aus (5a) folgt:

$$\int \partial_x \sigma_x z \, dz + \int \partial_y \tau_z z \, dz + \int \partial_z \tau_y z \, dz = 0$$
$$\int \partial_x \tau_z z \, dz + \int \partial_y \sigma_y z \, dz + \int \partial_z \tau_x z \, dz = 0,$$

und da:

$$\int \partial_z \tau_y z \, dz = [z \tau_y]_{z=-h/2}^{z=+h/2} - \int_{-h/2}^{+h/2} \tau_y \, dz$$
$$\int \partial_z \tau_x z \, dz = [z \tau_x]_{z=-h/2}^{z=+h/2} - \int_{-h/2}^{+h/2} \tau_x \, dz,$$

so ergeben sich die Plattenscherkräfte zu

$$\left.\begin{aligned} \int \tau_y \, dz &= \int \partial_x \sigma_x z \, dz + \int \partial_y \tau_z z \, dz \\ \int \tau_x \, dz &= \int \partial_x \tau_z z \, dz + \int \partial_y \sigma_y z \, dz \end{aligned}\right\} \qquad (6\,a)$$

und zwar unter der Annahme, daß die Spannungen τ_x, τ_y an den Plattenoberflächen verschwinden.
Nehmen wir weiter an, daß die σ_z an den Oberflächen den Unterschied p ergeben, dann wird (5b)

$$\int \partial_x \tau_y \, dz + \int \partial_y \tau_x \, dz + p = 0 \qquad (6\,b)$$

und durch Differenzieren und Einsetzen von (6a)

$$\int (\partial_x^2 \sigma_x + 2 \, \partial_x \partial_y \tau_z + \partial_y^2 \sigma_y) z \, dz + p = 0. \qquad (7)$$

Damit ist also eine wichtige Beziehung zwischen den statisch unbestimmten Spannungen σ_x, σ_y, τ_z gegeben. Wir ziehen jetzt das Elastizitätsgesetz (6) Abschn. I, D heran und schreiben:

$$\left.\begin{aligned} \sigma_x &= 2G\,(e_x + (e_x + e_y)/(m-1)) \\ \sigma_y &= 2G\,(e_y + (e_x + e_y)/(m-1)) \\ \tau_z &= 2G\cdot\gamma \end{aligned}\right\} \qquad (8)$$

$$\begin{aligned} e_x &= -\,\partial_x^2\, w_0\cdot z = \partial_x\, u \\ e_y &= -\,\partial_y^2\, w_0\cdot z = \partial_y\, v \\ \gamma &= -\,\partial_x\,\partial_y\, w_0\, z = (\partial_y\, u + \partial_x\, v)/2 \text{ [Gl. (3a) S. 35].} \end{aligned}$$

Aus (8):

$$\begin{aligned} \partial_x^2\sigma_x &= 2G\,(\partial_x^2 e_x + (\partial_x^2 e_x + \partial_x^2 e_y)/(m-1)) \\ \partial_y^2\sigma_y &= 2G\,(\partial_y^2 e_y + (\partial_y^2 e_x + \partial_y^2 e_y)/(m-1)) \\ \partial_x\,\partial_y\,\tau_z &= 2G\cdot\partial_x\,\partial_y\,\gamma \\ \partial_x^2\sigma_x &= -\,z\cdot 2G\cdot(\partial_x^4\, w_0 + (\partial_x^4\, w_0 + \partial_x^2\,\partial_y^2\, w_0)/(m-1)) \\ \partial_y^2\sigma_y &= -\,z\cdot 2G\cdot(\partial_y^4\, w_0 + (\partial_x^2\,\partial_y^2\, w_0 + \partial_y^4\, w_0)/(m-1)) \\ \partial_x\,\partial_y\,\tau_z &= -\,z\cdot 2G\cdot\partial_x^2\,\partial_y^2\, w_0. \end{aligned}$$

Nach Einsetzen aller dieser Ausdrücke in Gleichung (7) erhält man schließlich die Differentialgleichung der Platte:

$$E'\,J\,(\partial_x^4\, w_0 + 2\,\partial_x^2\,\partial_y^2\, w_0 + \partial_y^4\, w_0) = p, \qquad (9)$$

wobei

$$E'\,J = (h^3/12)\cdot 2G\,m/(m-1). \qquad (9\text{a})$$

Die in der klassischen Plattentheorie übliche Einführung von Spannungsresultanten und ihre Trennung von den Momenten erscheint hiernach als ein überflüssiger Umweg. Wir werden später sehen, daß die einfache Berechnung der in die Plattennormale fallenden Schubspannungen — der Scherkräfte — sich auch bei einer sehr großen Klasse von krummen Schalen durchführen läßt.

b) Die Reduktion auf gewöhnliche Differentialgleichungen

Unser Ziel ist es, alle Näherungen in einer klar bewußten und mathematisch korrekten Form einzuführen. Der Schlüssel dazu ist das Prinzip der virtuellen Verschiebungen in der Form der Gleichung (1). Immer dann, wenn sich die Randbedingungen nicht exakt befriedigen lassen, müssen die virtuellen Arbeiten der hierdurch entstandenen Fehlkräfte berücksichtigt werden. Wir wollen diese ganz allgemeine Methode nun an dem Beispiel der Plattengleichung durchführen. Wir lassen im folgenden den Index bei w der Kürze halber weg. Die Platte sei rechteckig und liege mit dem Mittelpunkt im Koordinatenanfang und mit den Rändern in den Koordinatenrichtungen; die Randlänge in der x-Richtung sei $2a$, in der y-Richtung $2b$. Wir erhalten für die Momente und Scherspannungsresultanten mit Hilfe der Gleichung (8) durch Integration über die Plattendicke und mit $J = h^3/12$:

$$\left.\begin{array}{lrl} \text{Biegemoment} & M_y = & -E' J\,(\partial_x^2 w + \partial_y^2 w/m) \\ \text{Biegemoment} & M_x = & -E' J\,(\partial_y^2 w + \partial_x^2 w/m) \\ \text{Torsionsmoment} & D = & -E' J\,(1 - 1/m)\,\partial_x \partial_y w \end{array}\right\} \tag{10a}$$

$$\left.\begin{array}{lrl} \text{Scherspannungsresult.} & V_{yz} = & -E' J\,\partial_y\,(\partial_x^2 w + \partial_y^2 w/m) \\ & V_{xz} = & -E' J\,\partial_x\,(\partial_x^2 w/m + \partial_y^2 w) \\ & E' = & E\,m^2/(m^2 - 1). \end{array}\right\} \tag{10b}$$

Zur Abkürzung der Schreibweise wollen wir den Werten der Gleichung (10) einen oberen Index i beifügen, während die wirklichen am Rande angreifenden Kräfte einen oberen Index a bekommen sollen. Wenn unsere Verschiebungswerte die exakten Lösungen des Problems wären, müßte z. B. $M^a = M^i$ sein; tatsächlich existiert aber die Differenz und verursacht einen Beitrag zur virtuellen Arbeit.

Es trägt zur Anschaulichkeit bei, wenn wir die sämtlichen äußeren Kräfte rechts ansetzen, während wir die aus der angenommenen Verformung folgenden Arbeiten auf der linken Seite der Arbeitsgleichung aufführen.

Die virtuelle Arbeitsgleichung lautet:

$$\begin{aligned} &-\left[\int_{-a}^{+a} D^i\,\partial_x\,\delta w\,\mathrm{d}x\right]_{-b}^{+b} - \left[\int_{-a}^{+a} M_x^i\,\partial_y\,\delta w\,\mathrm{d}x\right]_{-b}^{+b} + \left[\int_{-a}^{+a} V_{yz}^i\,\delta w\,\mathrm{d}x\right]_{-b}^{+b} - \\ &-\left[\int_{-b}^{+b} D^i\,\partial_y\,\delta w\,\mathrm{d}y\right]_{-a}^{+a} - \left[\int_{-b}^{+b} M_y^i\,\partial_x\,\delta w\,\mathrm{d}y\right]_{-a}^{+a} + \left[\int_{-b}^{+b} V_{xz}^i\,\delta w\,\mathrm{d}y\right]_{-a}^{+a} + \\ &+\int_{-a}^{+a}\int_{-b}^{+b} E' J\left[\partial_x^4 w + 2\,\partial_x^2\partial_y^2 w + \partial_y^4 w\right]\delta w\,\mathrm{d}x\,\mathrm{d}y = \\ &= -\left[\int_{-a}^{+a} D^a\,\partial_x\,\delta w\,\mathrm{d}x\right]_{-b}^{+b} - \left[\int_{-a}^{+a} M_x^a\,\partial_y\,\delta w\,\mathrm{d}x\right]_{-b}^{+b} + \left[\int_{-a}^{+a} V_{yz}^a\,\delta w\,\mathrm{d}x\right]_{-b}^{+b} - \\ &-\left[\int_{-b}^{+b} D^a\,\partial_y\,\delta w\,\mathrm{d}y\right]_{-a}^{+a} - \left[\int_{-b}^{+b} M_y^a\,\partial_x\,\delta w\,\mathrm{d}y\right]_{-a}^{+a} + \left[\int_{-b}^{+b} V_{xz}^a\,\delta w\,\mathrm{d}y\right]_{-a}^{+a} + \\ &+\int_{-a}^{+a}\int_{-b}^{+b} p\,\delta w\,\mathrm{d}x\,\mathrm{d}y. \end{aligned} \tag{11}$$

Falls in den Plattenecken $D = 0$ oder $\delta w = 0$ wird, lassen sich die Integrale unter D in die Integrale über die Schubspannungsresultanten hineinziehen. Man kommt dann nämlich durch partielle Integration:

$$\left[\int_{-a}^{+a} D\,\partial_x\,\delta w\,\mathrm{d}x\right]_{-b}^{+b} = \left(\left[D\,\delta w\right]_{-a}^{+a}\right)_{+b} - \left(\left[D\,\delta w\right]_{-a}^{+a}\right)_{-b} - \left[\int_{-a}^{+a} \partial_x D\,\delta w\,\mathrm{d}x\right]_{-b}^{+b} = -\left[\int_{-a}^{+a} \partial_x D\,\delta w\,\mathrm{d}x\right]_{-b}^{+b}$$

$$\left[\int_{-b}^{+b} D\,\partial_y\,\delta w\,\mathrm{d}\,y\right]_{-a}^{+a} = \left(\left[D\,\delta w\right]_{-b}^{+b}\right)_{+a} - \left(\left[D\,\delta w\right]_{-b}^{+b}\right)_{-a} - \left[\int_{-b}^{+b} \partial_y\,D\,\delta w\,\mathrm{d}\,y\right]_{-a}^{+a} = -\left[\int_{-b}^{+b} \partial_y\,D\,\delta w\,\mathrm{d}\,y\right]_{-a}^{+a}.$$

Nach diesen allgemeinen Vorbereitungen sind wir in der Lage, das Wesen unserer neuen Methode an einem Beispiel zu zeigen. Wir wählen eine Platte mit ungleichem Seitenverhältnis etwa 1/2 oder mehr; es sei $a > b$. Nehmen wir einmal den Fall eines dreiseitig aufgelagerten Schleusentores. Die Auflagerkanten seien bei $y = 0$ und bei $x = \pm\, a$; $y = b$ sei ein freier Rand. Die Durchbiegung w der Mittelfläche setzen wir in der Form an:

$$w = \omega \cdot y,$$

wobei ω eine unbekannte Funktion von x sein soll. Wir haben also eine gewöhnliche Differentialgleichung für ω zu erwarten. Den Wasserdruck nehmen wir an zu

$$p = p_0\,(1 - (y/b))$$

In diesem Fall wird in (11) die ganze rechte Seite bis auf das Belastungsglied mit p zu Null, denn an den aufgelegten Rändern leisten die Scherkräfte keine Arbeit und die Biegemomente verschwinden voraussetzungsgemäß. Auf der linken Seite lassen sich die 3 auf den Rand $x = \pm\, a$ bezüglichen Glieder abspalten und gesondert als Randbedingungen befriedigen, also

$$\left[\int_{0}^{+b} (\partial_y D^i + V^i_{xz})\,\delta w\,\mathrm{d}\,y\right]_{-a}^{+a} - \left[\int_{0}^{+b} M^i_y\,\partial_x\,\delta w\,\mathrm{d}\,y\right]_{-a}^{+a} = 0.$$

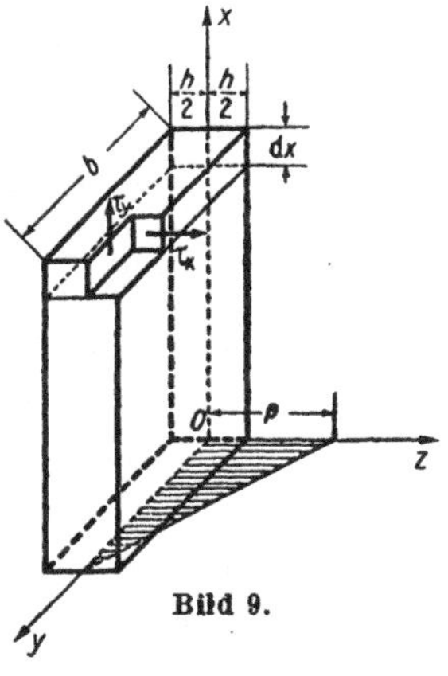

Bild 9.

Zunächst ist am aufgelegten Rand $\delta w = 0$, und da $\partial_x\,\delta w$ nicht verschwindet, so muß eben M^i_y verschwinden. Dies liefert einfach eine Randbedingung, die wir der gewöhnlichen Differentialgleichung, die wir bekommen, immer noch auferlegen können. Die ganze Differentialgleichung (11) reduziert sich auf die folgende Form:

$$\int_{-a}^{+a}\int_{0}^{+b} \left[E'J\,(\partial_x^4 w + 2\,\partial_x^2\partial_y^2 w + \partial_y^4 w) - p_0\,(1 - y/b)\right]\delta w\,\mathrm{d}\,x\,\mathrm{d}\,y \,+$$
$$+ \left[\int_{-a}^{+a} (V_{yz} + \partial_x D)\,\delta w\,\mathrm{d}\,x\right]_{0}^{+b} - \left[\int_{-a}^{+a} M_x\,\partial_y\,\delta w\,\mathrm{d}\,x\right]_{0}^{+b} = 0.$$

Nach Einsatz der angenommenen Form für w kann man die Integrale nach y auswerten und alles in ein einziges Integral über x zusammenziehen.

Die Ableitungen werden:

$$\partial_x\,w = \omega'\,y;\quad \partial_y\,w = \omega;\quad \partial_x^2\,w = \omega''\,y;\quad \partial_y^2\,w = 0$$
$$\partial_x\,\partial_y\,w = \omega';\quad \partial_x^2\,w + \partial_y^2\,w = \omega''\,y \text{ und } \delta w = y\,\delta\omega;\quad \partial_y\,\delta w = \delta\omega,$$

also: $M_y = -E' J \cdot \omega'' y; \quad M_x = -E' J \cdot \omega'' y/m;$
$D = -E' J (1 - 1/m)\, \omega';$
$V_{yz} = -E' J \cdot \omega''; \quad V_{xz} = -E' J \cdot \omega''' y/m;$
$V_{yz} + \partial_x D = -E' J \omega'' (2 - 1/m).$

Weiter wird (Δ Laplacescher Operator):

$$\Delta \Delta w = \partial_x^4 w + 2 \partial_x^2 \partial_y^2 w + \partial_y^4 w = \omega^{IV} y$$

$$E' J \int_0^b (\Delta \Delta w)\, y\, \delta\omega\, \mathrm{d}y = E' J \omega^{IV} \delta\omega \int_0^b y^2\, \mathrm{d}y = E' J \omega^{IV} \delta\omega\, l^3/3$$

$$\delta\omega\, p_0 \int_0^b (1 - y/b)\, y\, \mathrm{d}y = p_0 \delta\omega\, b^2/6.$$

Somit aus (11):

$$\int_{-a}^{+a} \left(\left[(V_{yz} + \partial_x D)\, y \right]_0^b - \left[M_y \right]_0^{+b} + E' J \omega^{IV} l^3/3 - p_0 b^2/6 \right) \delta\omega\, \mathrm{d}x = 0.$$

Hieraus

$$\int (E' J \omega^{IV} b^3/3 - p_0 b^2/6 - 2 E' J b (1 - 1/m)\, \omega'')\, \delta\omega\, \mathrm{d}x = 0,$$

und da $\delta\omega$ willkürlich ist, ist dieses Integral gleichbedeutend mit der Differentialgleichung

$$E' J \omega^{IV} b^3/3 - 2 E' J b (1 - 1/m)\, w'' = p_0 b^2/6. \tag{12}$$

Mit der Zurückführung der partiellen Differentialgleichung der Platte auf die einfache Gleichung (12) ist unsere Aufgabe gelöst.

Wenn das Seitenverhältnis so ist, wie wir es annahmen, wird uns diese Gleichung die Momente und Beanspruchungen in der Platte mit hinreichender Genauigkeit geben. Die Arbeit der Auflösung einer partiellen Differentialgleichung ist um so vieles größer als die einer gewöhnlichen, daß der Vorteil unserer Methode in die Augen springt. Auch gegenüber der Methode von Ritz, die gleich zu willkürlich angenommenen Funktionen übergeht, sind wir im Vorteil, denn wir gehen mit weniger Willkür vor, wenn wir uns darauf beschränken, das Problem nur in bestimmten Richtungen zu linearisieren.

3. LANGE SCHEIBEN UND IHR UBERGANG ZUM BALKEN

Das Verfahren, welches wir soeben auf Platten angewendet haben, kann besonders bei Scheibenproblemen sehr gute Dienste leisten. Bei den meisten praktisch vorkommenden Scheibenproblemen liegen gemischte Randbedingungen vor, die man von vornherein gar nicht auf einmal befriedigen kann. Wir wollen daher auch hier noch ein Beispiel bringen, welches, ohne uns in analytische Schwierigkeiten zu bringen, die völlige Klarlegung der allgemeinen Methode ermöglicht. Wir behandeln das ebene Problem nach (1) in rechtwinkligen Koordinaten. Die Komponenten der Fehlvektoren seien mit L_{I} und L_{II} bezeichnet, also

$$\begin{aligned} L_{I} &= \partial_x \sigma_x + \partial_y \tau + X \\ L_{II} &= \partial_x \tau + \partial_y \sigma_y + Y. \end{aligned} \tag{13a}$$

Dann ergibt das Prinzip der virtuellen Arbeit:

$$\int_{-a}^{+a}\int_{-b}^{+b}\left[L_{\mathrm{I}}\,\delta u + L_{\mathrm{II}}\,\delta v\right]\mathrm{d}x\,\mathrm{d}y +$$
$$+\left[\int_{-a}^{+a}(\sigma_y^a-\sigma_y^i)\,\delta v\,\mathrm{d}x\right]_{-b}^{+b}+\left[\int_{-a}^{+a}(\tau^a-\tau^i)\,\delta u\,\mathrm{d}x\right]_{-b}^{+b}+ \tag{13b}$$
$$+\left[\int_{-b}^{+b}(\sigma_x^a-\sigma_x^i)\,\delta u\,\mathrm{d}y\right]_{-a}^{+a}+\left[\int_{-b}^{+b}(\tau^a-\tau^i)\,\delta v\,\mathrm{d}y\right]_{-a}^{+a}=0,$$

wobei wieder σ^a die gegebenen äußeren Spannungen, σ_i die aus der Verformung sich ergebenden Spannungen sind.

Wir führen einen Ansatz von folgender Form ein

$$u = \psi_1\,(y/b) + \psi_3\,(y/b)^3 + \ldots$$
$$v = \varphi_0 + \varphi_2\,(y/b)^2 + \ldots$$

Da es uns hier aber ganz besonders darauf ankommt, das Wesen der Methode so einfach wie möglich darzustellen, legen wir den folgenden Entwicklungen den einfachsten Ansatz zugrunde

$$\left.\begin{aligned} u &= \psi\,(y/b)\\ v &= \varphi. \end{aligned}\right\} \tag{14}$$

Dabei seien φ und ψ Funktionen von x allein. Für die erste Ableitung sei das Zeichen $'$, für die zweite $''$ usw. verwendet und für die höheren Ableitungen auch römische Ziffern. In der y-Richtung sei das Problem linearisiert durch den Faktor y/b bei ψ.

Als Aufgabe stellen wir uns die Bestimmung der simultanen Differentialgleichungen für φ und ψ und ihre Lösung für den Fall eines gleichmäßig mit der Last p beanspruchten Streifens von der Steghöhe 2b. Zunächst müssen wir wieder die aus dem Ansatz (14) folgenden Spannungen ermitteln. Es ist allgemein nach (7) Abschn. I D mit

$$\left.\begin{aligned} E' &= \frac{m^2 E}{m^2-1} \text{ und } \mu = \frac{1}{m}\\ \sigma_x &= E'\,(\partial_x u + \mu\,\partial_y v);\quad \sigma_y = E'\,(\partial_y v + \mu\,\partial_x u)\\ \tau &= E'\,(\partial_y u + \partial_x v)\,(1-\mu)/2 \end{aligned}\right\} \tag{15}$$

Es wird dann:
$$\begin{aligned} \partial_x u &= \psi'\,y/b;\quad \partial_x v = \varphi'\\ \partial_y u &= \psi/b;\quad \partial_y v = 0\\ \sigma_x &= E'\,\psi'\,y/b;\quad \sigma_y = E'\,\mu\,\psi'\,y/b\\ \tau &= E'\,(\psi/b + \varphi')\,(1-\mu)/2 \end{aligned}$$

Annahme:
$$\sigma_x^a = \sigma_y^a = \tau^a = 0$$
$$X = 0;\quad \int_{-b}^{+b} Y\,\mathrm{d}y = p.$$

Die Gleichung (13) wird entsprechend

$$\int_{-a}^{+a}\int_{-b}^{+b}(L_{\mathrm{I}}\,\delta u + L_{\mathrm{II}}\,\delta v)\,\mathrm{d}x\,\mathrm{d}x - \left[\int_{-a}^{+a}\sigma_y^i\,\delta v\,\mathrm{d}y\right]_{-b}^{+b} - \left[\int_{-a}^{+a}\tau^i\,\delta u\,\mathrm{d}x\right]_{-b}^{+b} = 0.$$

Die Randbedingungen an den Grenzen $(+a; -a)$ können ja später bei der Integration des simultanen Systems erledigt werden, wir sind daher berechtigt, sie als befriedigt anzusehen. Wir haben jetzt nur die Integrationen nach y auszuführen, wozu wir die folgenden Werte benötigen:

$$L_{\mathrm{I}} = E'\psi''\,J/b;\quad L_{\mathrm{II}} = E'\,(\psi'\,(1+\mu)/(2\,b) + \varphi''\,(1-\mu)/2) + Y$$
$$\delta u = \delta\psi\cdot y/b;\quad \delta v = \delta\varphi.$$

Es wird dann

$$\int_{-b}^{+a}\mathrm{d}x\left[E'\frac{\psi''}{b^2}\,\delta\psi\int_{-b}^{+b}y^2\,\mathrm{d}y + \left(E'\left(\frac{1+\mu}{2}\frac{\psi'}{b} + \frac{1-\mu}{2}\varphi''\right)\int_{-b}^{+b}\mathrm{d}y + \int_{-b}^{+b}Y\,\mathrm{d}x\right)\delta\varphi\right] -$$
$$-\int_{-a}^{+a}\mathrm{d}x\left(2\,E'\,\mu\,\psi'\cdot\delta\varphi + 2\,E'\,\frac{1-\mu}{2}\left(\frac{\psi}{b}+\varphi'\right)\delta\psi\right) = 0$$

und geordnet

$$\int_{-b}^{+a}\mathrm{d}x\,\{E'\,((2/3)\,b\,\psi'' - (1-\mu)\,(\psi/b + \varphi'))\,\delta\psi +$$
$$+ [E'\,((1-\mu)\,\psi' + (1-\mu)\,\varphi''\,b) + p]\,\delta\varphi\} = 0.$$

Wegen der Unabhängigkeit von $\delta\varphi$ und $\delta\psi$ haben wir die beiden Differenzialgleichungen:

$$(2/3)\,b\,\psi'' - (1-\mu)\,(\psi/b + \varphi') = 0$$
$$(1-\mu)\,E'\,(\psi' + \varphi''\,b) + p = 0.$$

Durch Elimination erhält man aus diesem System:

$$\varphi^{\mathrm{IV}} = \frac{p}{(2/3)\,b^3\,E'} = \frac{p}{E'\,J}.$$

Das ist, wie man leicht erkennt, die Formel der gewöhnlichen Balkentheorie. In unserem Beispiel ergibt sich

$$\varphi = p\,((24\,E'\,J)\,(5\,a^4 - 6\,a^2\,x^2 + x^4)) \tag{16a}$$

und hieraus folgt für ψ

$$\psi = x\left(\frac{a^2 - x^2/3}{(2/3)\,b^2} - \frac{1}{1-\mu}\right)\frac{p}{E'}. \tag{16b}$$

Bei Berücksichtigung höherer Potenzen von y/b kann man die gewöhnliche Balkentheorie sehr verbessern. Handelt es sich um ein Stegblech, das noch mit einem Gurt verbunden ist, so hat man das Problem der aus Scheiben zusammengesetzten T- und Winkelprofile. In diesem Fall kann man jede Scheibe für sich nach der eben auseinandergesetzten Methode behandeln, darf aber nunmehr die Randspannungen τ^a nicht vernachlässigen. Die Resultate sind in diesen Fällen nicht mehr so trivial, sondern haben praktische Bedeutung. Man findet auf diese Weise, daß die üblichen Balkendurchbiegungsformeln für breitflanschige Profile schon in der Durchbiegung um Beträge von gelegentlich 15% nicht stimmen.

D. DIE THEORIE DER SCHALEN IN NEUER FORM

Nachdem wir uns von der Brauchbarkeit unserer Methode an einfachen Beispielen ebener Schalen, den sog. Platten, überzeugt haben, wenden wir uns der Theorie der krummen Schalen zu. Die erste Behandlung des Schalenproblems stammt von mathematischer Seite. Man stellt sich vor, daß die Begrenzungsflächen der Schale und ihre Mittelfläche einer Flächenschar angehören, so daß man durch Änderung bestimmter Parameter der sog. krummlinigen Koordinaten, von einer Fläche zur anderen übergehen kann. Dieses Verfahren ermöglicht vor allem eine einfache Formulierung der Randbedingungen, hat aber einen Nachteil, dessen man erst gewahr wird, wenn man sich gezwungen sieht, nicht äquidistante Flächenscharen zu verwenden. Man versuche einmal nach der klassischen Theorie der Schalen etwa die Theorie eines dünnwandigen Ellipsoides aufzustellen, dessen Begrenzungsflächen Ellipsoide sind. Man wird zu Formeln gelangen, aus denen es einfach nicht möglich ist, ein konkretes und praktisches Resultat zu gewinnen. Außerdem wäre die Herstellung solcher Schalen im Eisenbau viel zu umständlich. Man stellt nur Schalen her, die auf eine größere Ausdehnung hin gleiche Dicke haben.

Untersucht man solche Schalen gleicher Dicke genau, so bemerkt man bald, daß äquidistante Flächen, also z. B. die Mittelfläche und die parallelen Begrenzungsflächen niemals einer und derselben Schar, z. B. konfokaler Ellipsoide, angehören können. Ist die Mittelfläche eine Ellipsoidfläche, so können unmöglich auch die beiden äquidistanten Begrenzungsflächen Ellipsoide sein.

Im Raum läßt sich eine krumme gegebene Fläche durch ihre Hauptkrümmungsradien und durch das Gesetz der Änderungen dieser Radien darstellen. Das Problem ist dann für uns, zu dieser gegebenen Fläche nun eine Schar äquidistanter Flächen zu definieren derart, daß die Normalen zur Mittelfläche auch Normalen zu allen Flächen der Schar werden und außerdem genau geradlinig bleiben. Diese Bedingungen sind beim Zylinder-Polarkoordinatensystem erfüllt, und zwar für Zylinder- und Kugelflächen. Aber schon zwei Kegelflächen mit gemeinsamer Spitze sind nicht mehr äquidistant, wenn man auch ihren Abstand noch so klein wählt.

Wir werden die Schalen so bestimmen, daß die beiden Begrenzungsflächen genau gleichen Abstand von der Mittelfläche haben, ein Zustand, der im Behälter- und Kesselbau ja die Regel bildet.

Bevor wir uns nun zur Aufstellung der Theorie wenden, möchten wir dem technischen Leser zunächst ohne Beweise eine Übersicht über dieses Forschungsgebiet geben.

Wie wir bei den ebenen Platten sahen, können wir die Platte in eine Anzahl dünner Plattenelemente zerlegen, in welchen ein im wesentlichen ebener Spannungszustand herrscht. Die senkrecht zur Platte wirkenden Scherkräfte sind statisch bestimmbar und lassen sich aus den Elementen des ebenen Zustandes mit Hilfe von Gleichgewichtsbedingungen ermitteln. Darauf beruht ja auch die einfache Bestimmung der Scherkräfte beim ebenen Balken, wenn die Naviersche Hypothese zugrunde gelegt wird. Es ist nun beachtenswert, daß diese einfache Bestimmung der Scherkräfte sich auch bei der allgemeinsten krummen Schale, wenn man nur an der Bedingung der Äquidistanz festhält, ohne jede Änderung durchführen läßt, und zwar auf Grund der Tatsachen, daß auch bei der krummen Schale die äquidistanten Flächen in einem ebenen Spannungszustande sich befinden, wenn man die Begrenzung des Elementes beliebig klein macht.

Den Beweis für diese Behauptungen werden wir nachträglich sogleich führen. Diese einfachen Verhältnisse sind in der klassischen Platten- und Schalentheorie viel zu wenig ausgenützt.

Wir nehmen nun die Schalendeformation so an, daß die mitverformten Normalen zur Mittelfläche auch nach der Verformung senkrecht zur neuen Form der Mittelfläche werden, so daß der ganze Verformungszustand beschrieben ist, wenn die Verformung der Mittelfläche gegeben ist. Nach diesen Vorbemerkungen wenden wir uns zur analytischen Untersuchung. Da wir die Mechanik der Schalen von ihrem Verformungszustand aus zu verstehen suchen, ist die umständliche Zerlegung des Spannungszustandes in resultierende Momente und Querkräfte vorläufig überflüssig. Wenn wir Momente brauchen, ist es uns ein leichtes, sie durch Summation der Elementarmomente aus den Verformungen zu bilden. Ebenso entfällt für uns die Notwendigkeit, den umständlichen Apparat der Differentialgeometrie einzuführen, wir können ja auch die Krümmungen jederzeit leicht aus den Verformungen ermitteln.

1. DIE ALLGEMEINEN GLEICHUNGEN

Auf der gegebenen Mittelfläche nehmen wir ein krummliniges Koordinatensystem β_0, γ_0 an. Die beiden Parameter β_0 und γ_0 sind dabei lediglich Zahlen, welche die Identifizierung der einzelnen Koordinatenkurven ermöglichen. Dieses Kurvensystem muß durchaus nicht äquidistant sein, dagegen müssen die Kurven einander rechtwinklig überschneiden. Bezeichnen wir die mit einem Maßstabe gemessenen Bogenelemente mit $\mathrm{d}n_2$ und $\mathrm{d}n_3$, dann wird, wenn $\mathrm{d}n_2$ in der Richtung der Kurven γ und $\mathrm{d}n_3$ in der Richtung der Kurven β gemessen wird, das beliebig orientierte Bogenelement der Mittelfläche (Index nach Bedarf auch oben geschrieben):

$$\mathrm{d}s_0^2 = (\mathrm{d}n_2^0)^2 + (\mathrm{d}n_3^0)^2. \tag{1a}$$

Dieses selbe Bogenelement muß aber auch in den Differentialen $d\beta_0$, $d\gamma_0$ ausgedrückt werden können. Wir wählen die Form

$$ds_0^2 = d\beta_0^2/(h_2^0)^2 + d\gamma_0^2/(h_3^0)^2. \tag{1b}$$

Die Größen h_2^0 und h_3^0 haben die Dimension von reziproken Längen und beziehen sich auf die Mittelfläche der Schale. Wir erinnern an den bereits benutzten Zusammenhang

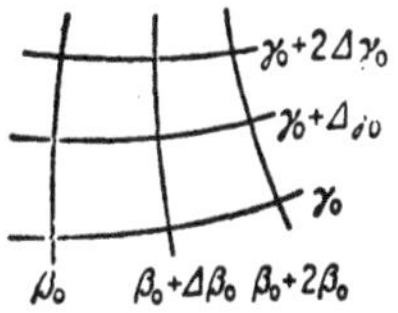

Bild 10.

$$d n_2^0 = d\beta_0/h_2^0; \quad d n_3^0 = d\gamma_0/h_3^0.$$

Die zur Mittelfläche senkrechte Koordinatenrichtung bezeichnen wir mit α und die Koordinaten eines Punktes außerhalb der Mittelfläche mit α, β, γ ohne den Index 0. Das allgemeine Bogenelement wird dementsprechend

$$ds^2 = d\alpha^2/h_1^2 + d\beta^2/h_2^2 + d\gamma^2/h_3^2 \tag{2}$$

oder

$$ds^2 = d n_1^2 + d n_2^2 + d n_3^2.$$

Die Bedeutung dieser Größen h_1; h_2; h_3 liegt darin, daß sie eine Maßbeziehung vermitteln. Da längs der Normalen mit infinitesimaler Näherung in einer Geraden gemessen wird, und da die zur Mittelfläche parallelen Flächen streng äquidistant angenommen werden, so muß h_1 eine konstante Größe sein. Außerdem muß die Abhängigkeit der Größen $1/h_2$ und $1/h_3$ von α eine lineare sein. Der Leser möge diese Behauptung zunächst als Annahme betrachten, sie wird bei den Beispielen in besonders einleuchtender Weise bestätigt werden.

Wir haben dann

$$\left.\begin{aligned} 1/h_2 &= (\alpha - \alpha_0)\,\mu + 1/h_2^0 \\ 1/h_3 &= (\alpha - \alpha_0)\,\nu + 1/h_3^0 \end{aligned}\right\} \tag{3}$$

Die Größen μ und ν sind als Funktionen von β, γ zu betrachten. Aus der Umkehrung der Beziehung (3) folgt

$$\begin{aligned} h_2 &= h_2^0/(1 + (\alpha - \alpha_0)\,\mu\, h_2^0) \\ h_3 &= h_3/(1 + (\alpha - \alpha_0)\,\nu\, h_3^0). \end{aligned}$$

Wir machen ausdrücklich darauf aufmerksam, daß diese Beziehungen als streng, nicht etwa als Näherungen zu betrachten sind. Hat man indessen sehr dünne Schalen, dann kann man die Formeln für h_2 und h_3 in Reihen nach $\alpha - \alpha_0$ entwickeln. Es wird dann

$$\left.\begin{aligned} h_2/h_2^0 &= 1 - (\alpha - \alpha_0)\,\mu\, h_2^0 + (\alpha - \alpha_0)^2\,(\mu\, h_2^0)^2 \\ h_3/h_3^0 &= 1 - (\alpha - \alpha_0)\,\nu\, h_3^0 + (\alpha - \alpha_0)^2\,(\nu\, h_3^0)^2 \end{aligned}\right\} \tag{4}$$

Damit ist unser krummliniges System bestimmt und jeder Punkt der Schale angebbar.

Wir kommen nun zur infinitesimalen Verformung der Schale und ihrer Beschreibung in unserem allgemeinen Koordinatensystem. Die Verschiebungen eines beliebigen Punktes der Schale seien Δu, Δv, Δw, die Verschiebungen eines auf der gleichen Normalen zur Mittelfläche und auf der Mittelfläche selbst gelegenen Punktes Δu_0, Δv_0, Δw_0. Wenn die Normalen normal zur verzerrten Mittelfläche bleiben, müssen die folgenden Beziehungen bestehen, die ebenfalls als exakt, nicht etwa als Reihenentwicklung nach $\alpha - \alpha_0$ betrachtet werden müssen:

$$\left.\begin{aligned} \Delta u &= \Delta u_0 \\ \Delta v &= \Delta v_0\, h_2^0/h_2 - (\alpha - \alpha_0)\, h_2^0\, \partial_\beta\, \Delta u_0/h_1 \\ \Delta w &= \Delta w_0\, h_3^0/h_3 - (\alpha - \alpha_0)\, h_3^0\, \partial_\gamma\, \Delta u_0/h_1 \end{aligned}\right\} \tag{5a}$$

und durch Kombination mit (3)

$$\left.\begin{aligned} \Delta u &= \Delta u_0 \\ \Delta v &= \Delta v_0 + (\alpha + \alpha_0)\, h_2^0\, (\mu\, \Delta v_0 - \partial_\beta\, \Delta u_0/h_1) \\ \Delta w &= \Delta w_0 + (\alpha - \alpha_0)\, h_3^0\, (\nu\, \Delta w_0 - \partial_\gamma\, \Delta u_0/h_1) \end{aligned}\right\} \tag{5b}$$

Hieraus ersehen wir, daß der Zuwachs streng linear in $\alpha - \alpha_0$ ist.
Zum Beweise der Gleichungen (5) schreiben wir die Verformungskomponenten an. Es wird [s. Gleichung (3b)]

$$\Delta e_{\alpha\alpha} = h_1\, \partial_\alpha\, \Delta u + h_1\, h_2\, \Delta v\, \partial_\beta\, (1/h_1) + h_3\, h_1\, \Delta w\, \partial_\gamma\, (1/h_1)$$
$$\Delta e_{\alpha\gamma} = ((h_3/h_1)\, \partial_\gamma\, (h_1\, \Delta u) + (h_1/h_3)\, \partial_\alpha\, (h_3\, \Delta w))/2.$$

Da Δu nicht von α abhängt, so folgt aus der Konstanz von h_1 aus der ersten dieser Gleichungen:

$$\Delta e_{\alpha\alpha} = 0,$$

d. h. unsere Entwicklungen werden nur dann einwandfrei sein, wenn die Dehnung der Schale in der Normalenrichtung vernachlässigt werden kann.
Aus der zweiten Gleichung erhalten wir:

$$\begin{aligned} \Delta e_{\alpha\gamma} &= [h_3 \cdot \partial_\gamma\, \Delta u_0 + (h_1/h_3)\, \partial_\alpha\, (\Delta w_0\, h_3^0 - (\alpha - \alpha_0) \cdot h_3^0\, h_3\, \partial_\gamma\, \Delta u_0/h_1)]/2 = \\ &= (h_3 \cdot \partial_\gamma\, \Delta u_0 - (\alpha - \alpha_0)\, (h_3^0/h_3)\, \partial_\alpha\, h_3\, \partial_\gamma\, \Delta u_0 - (h_3^0/h_3)\, h_3\, \partial_\gamma\, \Delta u_0)/2 = \\ &= (h_3 - h_3^0 - (\alpha - \alpha_0)\, (h_3^0/h_3)\, \partial_\alpha\, h_3)\, \partial_\gamma\, \Delta u_0/2. \end{aligned}$$

Nun ist aber

$$\partial_\alpha\, (1/h_3) = \nu = -(1/h_3^2)\, \partial_\alpha\, h_3$$
$$\partial_\alpha\, h_3 = -h_3^2\, \nu$$
$$\begin{aligned} h_3 - h_3^0 - (\alpha - \alpha_0)\, (h_3^0/h^3)\, \partial_\alpha\, h_3 &= h_3 - h_3^0 + (\alpha - \alpha_0)\, h_3^0\, h_3\, \nu = \\ &= h_3\, (1 - h_3^0/h_3 + (\alpha - \alpha_0)\, h_3^0\, \nu). \end{aligned}$$

Die letzte Klammer verschwindet aber nach (3). Es muß deshalb sein

$$\Delta e_{\alpha\gamma} = 0$$
$$\Delta e_{\alpha\beta} = 0,$$

denn die Richtungen β und γ haben nichts voreinander voraus. Nun bedeuten aber diese Deformationskomponenten die Winkeländerung zwischen Normale und Parallele zur Mittelfläche, womit unser Ansatz (5) bewiesen ist. Von den 6 Verformungskomponenten sind also 3,

$$\Delta e_{\alpha\alpha},\ \Delta e_{\alpha\beta},\ \Delta e_{\alpha\gamma},$$

Null und die übrigen Komponenten

$$\Delta e_{\beta\beta},\ \Delta e_{\gamma\gamma},\ \Delta e_{\beta\gamma}$$

bestimmen einen ebenen Deformationszustand. Aus diesem Grunde müssen auch die Komponenten des Spannungszustandes in zwei Gruppen zerfallen, nämlich in eine statisch bestimmbare Gruppe

$$\sigma_\alpha,\ \tau_\beta,\ \tau_\gamma$$

und in einen ebenen Zustand

$$\sigma_\beta,\ \sigma_\gamma,\ \tau_\alpha,$$

wobei τ_α dem $\Delta e_{\beta\gamma}$; τ_β dem $\Delta e_{\alpha\gamma}$; τ_γ dem $\Delta e_{\alpha\beta}$ entspricht. Wir schreiben kürzer

$$\Delta e_{\beta\gamma} = \Delta\gamma;\quad \Delta e_{\beta\beta} = \Delta e_\beta;\quad \Delta e_{\gamma\gamma} = \Delta e_\gamma,$$

dann lassen sich in jedem Punkt der Schale die Spannungen aus den Gleichungen bestimmen:

$$\left.\begin{aligned} \sigma_\beta &= 2G\,(\Delta e_\beta + (\Delta e_\beta + \Delta e_\gamma)/(m-1)) \\ \sigma_\gamma &= 2G\,(\Delta e_\gamma + (\Delta e_\beta + \Delta e_\gamma)/(m-1)) \\ \tau_\alpha &= 2G\,\Delta\gamma. \end{aligned}\right\} \tag{6a}$$

Etwas bequemer werden die Gleichungen, wenn man den Schalenmodul $E' = E\cdot m^2/(m^2-1)$ einführt. Es ergibt sich dann die gleichwertige Form

$$\sigma_\beta = E'\left(\Delta e_\beta + \frac{1}{m}\Delta e_\gamma\right);\quad \sigma_\gamma = E'\left(\Delta e_\gamma + \frac{1}{m}\Delta e_\beta\right);\quad \tau = E'\frac{m-1}{m}\Delta\gamma. \tag{6b}$$

Da nach dem vorhergehenden die Verformungen Δe_β, Δe_γ, $\Delta\gamma$; durch die Verschiebungen Δu_0, Δv_0, Δw_0 der Mittelfläche bestimmt sind, haben wir nur noch 3 Gleichungen nötig, um die unbekannten Funktionen zu bestimmen. Diese 3 Gleichungen werden durch die Gleichgewichtsbedingungen geliefert. Bevor wir aber zur Aufstellung dieser Gleichungen schreiten, wollen wir die Ausdrücke für die Verformungen so umformen, daß sie sich in folgender Gestalt darstellen lassen:

$$\left.\begin{aligned} \Delta e_\beta &= L_\beta + M_\beta\,(\alpha-\alpha_0) + N_\beta\,(\alpha-\alpha_0)^2 \\ \Delta e_\gamma &= L_\gamma + M_\gamma\,(\alpha-\alpha_0) + N_\gamma\,(\alpha-\alpha_0)^2 \\ 2\,\Delta\gamma &= A - B\,(\alpha-\alpha_0) + C\,(\alpha-\alpha_0)^2 \end{aligned}\right\} \tag{7}$$

Es erscheinen nämlich dann auch die Spannungen in der Form

$$\left.\begin{aligned} \sigma_\beta &= E'\,(A_\beta + B_\beta\,(\alpha-\alpha_0) + C_\beta\,(\alpha-\alpha_0)^2) \\ \sigma_\gamma &= E'\,(A_\gamma + B_\gamma\,(\alpha-\alpha_0) + C_\gamma\,(\alpha-\alpha_0)^2) \\ \tau_\alpha &= E'\,(A - B\,(\alpha-\alpha_0) + C\,(\alpha-\alpha_0)^2)\,(m-1)/(2\,m) \end{aligned}\right\} \tag{8}$$

wobei

$$\left.\begin{aligned} A_\beta &= L_\beta + L_\gamma/m; & A_\gamma &= L_\gamma + L_\beta/m \\ B_\beta &= M_\beta + M_\gamma/m; & B_\gamma &= M_\gamma + M_\beta/m \\ C_\beta &= N_\beta + N_\gamma/m; & C_\gamma &= N_\gamma + N_\beta/m \end{aligned}\right\} \tag{8a}$$

Hier werden die Leser fragen, warum genügt es nicht, nur die ersten Potenzen von $\alpha - \alpha_0$ zu berücksichtigen? Der Grund liegt in der Bedeutung des Integrals

$$\int (\alpha - \alpha_0)^2 \, d\, (\alpha - \alpha_0)$$

als Trägheitsmoment der Schale, welches nicht vernachlässigt werden kann, wenn die linearen Glieder verschwinden sollten. Wir kommen auf diesen Umstand noch zurück. Jedenfalls sehen wir schon hier, daß in einer krummen Schale keine lineare Spannungsverteilung herrschen kann. Zu demselben Schlusse kommt ja übrigens auch die Theorie der krummen Balken in der elementaren technischen Mechanik. Die allgemeinen Formeln für die Verformungen haben wir bereits abgeleitet. Es ist

$$\begin{aligned}
2\,\Delta\gamma &= (h_2/h_3)\, \partial_\beta\, (h_3\, \Delta w) + (h_3/h_2)\, \partial_\gamma\, (h_2\, \Delta v) \\
\Delta e_\beta &= h_2\, \partial_\beta\, (\Delta v) + h_2\, h_3\, \Delta w\, \partial_\gamma\, (1/h_2) + h_1\, h_2\, \Delta u\, \partial\alpha\, (1/h_2) \\
\Delta e_\gamma &= h_3\, \partial_\gamma\, (\Delta w) + h_3\, h_1\, \Delta u\, \partial_\alpha\, (1/h_3) + h_2\, h_3\, \Delta v\, \partial_\beta\, (1/h_3).
\end{aligned}$$

Wir eliminieren nun in diesen Gleichungen die h_2 und h_3, indem wir nur die ersten und zweiten Potenzen von $\alpha - \alpha_0$ berücksichtigen. Mit Hilfe der Gleichungen (3), (4) und (5) erhalten wir:

$$\begin{aligned}
2\,\Delta\gamma = {} & (h_2/h_3)\, \partial_\beta\, (\Delta w_0\, h_3^0) - (h_2/h_3)\, \partial_\beta\, ((\alpha - \alpha_0)\, h_3\, h_3^0\, \partial_\gamma\, \Delta u_0/h_1) + \\
& + (h_3/h_2)\, \partial_\gamma\, (\Delta v_0\, h_2^0) - (h_3/h_2)\, \partial_\gamma\, ((\alpha - \alpha_0)\, h_2\, h_2^0\, \partial_\beta\, \Delta u_0/h_1)
\end{aligned}$$

und nach etwas Zwischenrechnung:

$$\begin{aligned}
2\,\Delta\gamma = {} & (1 - (\alpha - \alpha_0)(\mu h_2^0 - \nu h_3^0) + (\alpha - \alpha_0)^2 \mu h_2^0 (\mu h_2^0 - \nu h_3^0))\, (h_2^0/h_3^0)\, \partial_\beta\, (\Delta w_0\, h_3^0) + \\
& + (1 - (\alpha - \alpha_0)(\nu h_3^0 - \mu h_2^0) + (\alpha - \alpha_0)^2 \nu h_3^0 (\nu h_3^0 - \mu h_2^0))\, (h_3^0/h_2^0)\, \partial_\gamma\, (\Delta v_0 h_2^0) - \\
& - (1 - (\alpha - \alpha_0)\, \mu h_2^0)\, (\alpha - \alpha_0)\, (h_2^0/h_3^0)\, \partial_\beta\, ((h_3^0)^2\, \partial_\gamma\, \Delta u_0)/h_1 - \\
& - (1 - (\alpha - \alpha_0)\, \nu h_3^0)\, (\alpha - \alpha_0)\, (h_3^0/h_2^0)\, \partial_\gamma\, ((h_2^0)^2\, \partial_\beta\, \Delta u_0)/h_1 + \\
& + (\alpha - \alpha_0)^2\, (h_2^0\, \partial_\beta\, (\nu h_3^0)\, h_3^0\, \partial_\gamma\, \Delta u_0 + h_3^0\, \partial_\gamma\, (\mu h_2^0) \cdot h_2^0\, \partial_\beta\, \Delta u_0)/h_1
\end{aligned}$$

und hieraus durch Ordnen nach Potenzen von $\alpha - \alpha_0$ unter Bezugnahme auf Gleichung (7):

$$\begin{aligned}
A = {} & (h_2^0/h_3^0)\, \partial_\beta\, (\Delta w_0\, h_3^0) + (h_3^0/h_2^0)\, \partial_\gamma\, (\Delta v_0\, h_2^0) \\
B = {} & + (\mu h_2^0 - \nu h_3^0)\, (h_2^0/h_3^0)\, \partial_\beta\, (\Delta w_0\, h_3^0) + (\nu h_3^0 - \mu h_2^0)\, (h_3^0/h_2^0)\, \partial_\gamma\, (\Delta v_0\, h_2^0) + \\
& + (h_2^0/h_3^0)\, \partial_\beta\, ((h_3^0)^2\, \partial_\gamma\, \Delta u_0)/h_1 + (h_3^0/h_2^0)\, \partial_\gamma\, ((h_2^0)^2\, \partial_\beta\, \Delta u_0)/h_1 \\
C = {} & \mu h_2^0\, (\mu h_2^0 - \nu h_3^0)\, (h_2^0/h_3^0)\, \partial_\beta\, (\Delta w_0\, h_3^0) + \nu h_3^0\, (\nu h_3^0 - \mu h_2^0)\, (h_3^0/h_2^0)\, \partial_\gamma\, (\Delta v_0\, h_2^0) + \\
& + \mu h_2^0\, (h_2^0/h_3^0)\, \partial_\beta\, ((h_3^0)^2\, \partial_\gamma\, \Delta u_0)/h_1 + \nu h_3^0\, (h_3^0/h_2^0)\, \partial_\gamma\, ((h_2^0)^2\, \partial_\beta\, \Delta u_0)/h_1 + \\
& + h_2^0\, h_3^0\, \partial_\beta\, (\nu h_3^0)\, \partial_\gamma\, \Delta u_0/h_1 + h_2^0\, h_3^0\, \partial_\gamma\, (\mu h_2^0)\, \partial_\beta\, \Delta u_0/h_1. \qquad (9)
\end{aligned}$$

Bei den Dehnungskomponenten haben wir die Rechnung nur für die eine durchzuführen, die andere folgt durch zyklische Vertauschung:

$$\Delta e_\beta = \frac{h_2^0}{1+(\alpha-\alpha_0)\mu h_2^0}\,\partial_\beta\left(\Delta v_0 + \frac{h_2^0}{h_1}(\alpha-\alpha_0)(h_1\mu\Delta v_0 - \partial_\beta \Delta u_0)\right) +$$
$$+\frac{h_2^0 h_3^0}{(1+(\alpha-\alpha_0)\mu h_2^0)(1+(\alpha-\alpha_0)\nu h_3^0)}\left(\partial_\gamma \frac{1}{h_2^0} + (\alpha-\alpha_0)\,\partial_\gamma \mu\right) \text{mal}$$
$$\text{mal}\left(\Delta w_0 + \frac{h_3^0}{h_1}(\alpha-\alpha_0)(h_1 \nu \Delta w_0 - \partial_\gamma \Delta u_0)\right) + \frac{h_1 h_2^0 \mu}{1+(\alpha-\alpha_0)\mu h_2^0}\Delta u_0.$$

Entwickelt man hier wieder nach Potenzen von $\alpha - \alpha_0$ und läßt die Glieder mit $(\alpha - \alpha_0)^3$ weg, so erhält man schließlich unter Bezugnahme auf Gleichung (7):

$$\begin{aligned}
L_\beta &= h_2^0 \partial_\beta \Delta v_0 + h_2^0 h_3^0 \Delta w_0 \partial_\gamma (1/h_2^0) + h_1 h_2^0 \mu \Delta u_0\\
M_\beta &= -\mu (h_2^0)^2 \partial_\beta \Delta v_0 - h_2^0 h_3^0 (\mu h_2^0 + \nu h_3^0) \Delta w_0 \partial_\gamma (1/h_2^0) - h_1 (h_2^0)^2 \mu^2 \Delta u_0 +\\
&+ (h_2^0/h_1)\, \partial_\beta (h_2^0 (h_1 \mu \Delta v_0 - \partial_\beta \Delta u_0)) + h_2^0 h_3^0 \Delta w_0 \partial_\gamma \mu +\\
&+ h_2^0 (h_3^0)^2 (\nu \Delta w_0 - \partial_\gamma \Delta u_0/h_1)\, \partial_\gamma (1/h_2^0)\\
N_\beta &= (h_2^0)^3 \mu^2 \partial_\beta \Delta v_0 + h_2^0 h_3^0 (\mu^2 (h_2^0)^2 + \nu^2 (h_3^0)^2 + \mu \nu h_2^0 h_3^0) \Delta w_0 \partial_\gamma (1/h_2^0) +\\
&+ h_2^0 (h_3^0)^2 (\nu \Delta w_0 - \partial_\gamma \Delta u_0/h_1)\, \partial_\gamma \mu + h_1 (h_2^0)^3 \mu^3 \Delta u_0 -\\
&- (h_2^0)^2 \mu\, \partial_\beta (h_2^0 (h_1 \mu \Delta v_0 - \partial_\beta \Delta u_0))/h_1 -\\
&- h_2^0 (h_3^0)^2 (\mu h_2^0 + \nu h_3^0)(\nu \Delta w_0 - \partial_\gamma \Delta u_0/h_1)\, \partial_\gamma (1/h_2^0) -\\
&- h_2^0 h_3^0 (\mu h_2^0 + \nu h_3^0) \Delta w_0 \partial_\gamma \mu
\end{aligned} \tag{10a}$$

und ebenso

$$\begin{aligned}
L_\gamma &= h_3^0 \partial_\gamma \Delta w_0 + h_2^0 h_3^0 \Delta v_0 \partial_\beta (1/h_3^0) + h_1 h_3^0 \nu \Delta u_0\\
M_\gamma &= -\nu (h_3^0)^2 \partial_\gamma \Delta w_0 - h_2^0 h_3^0 (\mu h_2^0 + \nu h_3^0) \Delta v_0 \partial_\beta (1/h_3^0) - h_1 (h_3^0)^2 \nu^2 \Delta u_0 +\\
&+ (h_3^0/h_1)\, \partial_\gamma (h_3^0 (h_1 \nu \Delta w_0 - \partial_\gamma \Delta u_0)) + h_2^0 h_3^0 \Delta v_0 \partial_\beta \nu +\\
&+ h_3^0 (h_2^0)^2 (\mu \Delta v_0 - \partial_\beta \Delta u_0/h_1)\, \partial_\beta (1/h_3^0)\\
N_\gamma &= (h_3^0)^3 \nu^2 \partial_\gamma \Delta w_0 + h_2^0 h_3^0 (\mu^2 (h_2^0)^2 + \nu^2 (h_3^0)^2 + \mu \nu h_2^0 h_3^0) \Delta v_0 \partial_\beta (1/h_3^0) +\\
&+ h_3^0 (h_2^0)^2 (\mu \Delta v_0 - \partial_\beta \Delta u_0/h_1)\, \partial_\beta \nu + h_1 (h_3^0)^3 \nu^3 \Delta u_0 -\\
&- (h_3^0)^2 \nu\, \partial_\gamma (h_3^0 (h_1 \nu \Delta w_0 - \partial_\gamma \Delta u_0))/h_1 -\\
&- h_3^0 (h_2^0)^2 (\mu h_2^0 + \nu h_3^0)(\mu \Delta v_0 - \partial_\beta \Delta u_0/h_1)\, \partial_\beta (1/h_3^0) -\\
&- h_2^0 h_3^0 (\mu h_2^0 + \nu h_3^0) \Delta v_0 \partial_\beta \nu.
\end{aligned} \tag{10b}$$

2. DIE GLEICHGEWICHTSBEDINGUNGEN

Bisher haben wir uns nur mit den kinematischen und geometrischen Problemen der Plattendeformation beschäftigt. Unbekannt sind uns nur noch die Δu_0, Δv_0, Δw_0.

Wir gehen jetzt auf die Gleichgewichtsbedingungen für das räumliche Problem zurück. Dabei sind wir uns bewußt, daß diese Gleichgewichtsbedingungen nun keinen Nullvektor ergeben können, denn wir haben ja eine ganz willkürliche, wenn auch naheliegende Einschränkung der Bewegungsmöglichkeit des Kontinuums vorgenommen. An Stelle des Nullvektors haben wir jetzt einen *Fehlvektor* und wir müssen herausfinden, welche Bedingungen dieser Fehlvektor zu befriedigen hat, wenn er nun einmal schon da ist.

Nach Einführung der Volumkräfte X_α, X_β, X_γ lauten die allgemeinen Gleichgewichtsbedingungen:

$$\left.\begin{aligned} L_{\mathrm{I}} &= h_1 h_2 h_3 \left[\partial_\alpha (\sigma_\alpha/(h_2 h_3)) + \partial_\beta (\tau_\gamma/(h_3 h_1)) + \partial_\gamma (\tau_\beta/(h_1 h_2))\right] + \\ &\quad + \tau_\beta h_1 h_3 \partial_\gamma (1/h_1) + \tau_\gamma h_1 h_2 \partial_\beta (1/h_1) - \sigma_\gamma h_1 h_3 \partial_\alpha (1/h_3) - \\ &\quad - \sigma_\beta h_1 h_2 \partial_\alpha (1/h_2) + X_\alpha \\ L_{\mathrm{II}} &= h_1 h_2 h_3 \left[\partial_\alpha (\tau_\gamma/(h_2 h_3)) + \partial_\beta (\sigma_\beta/(h_3 h_1)) + \partial_\gamma (\tau_\alpha/(h_1 h_2))\right] + \\ &\quad + \tau_\gamma h_2 h_1 \partial_\alpha (1/h_2) + \tau_\alpha h_2 h_3 \partial_\gamma (1/h_2) - \sigma_\alpha h_2 h_1 \partial_\beta (1/h_1) - \\ &\quad - \sigma_\gamma h_2 h_3 \partial_\beta (1/h_3) + X_\beta \\ L_{\mathrm{III}} &= h_1 h_2 h_3 \left[\partial_\alpha (\tau_\beta/(h_2 h_3)) + \partial_\beta (\tau_\alpha/(h_3 h_1)) + \partial_\gamma (\sigma_\gamma/(h_1 h_2))\right] + \\ &\quad + \tau_\alpha h_3 h_2 \partial_\beta (1/h_3) + \tau_\beta h_3 h_1 \partial_\alpha (1/h_3) - \sigma_\beta h_3 h_2 \partial_\gamma (1/h) - \\ &\quad - \sigma_\alpha h_3 h_1 \partial_\gamma (1/h_1) + X_\gamma \end{aligned}\right\} \quad (11\,\mathrm{a})$$

und nach Einführung unserer grundlegenden Annahmen

$$\left.\begin{aligned} L_{\mathrm{I}} &= h_1 h_2 h_3 \left[\partial_\alpha (\sigma_\alpha/h_2 h_3)) + \partial_\beta (\tau_\gamma/(h_1 h_3)) + \partial_\gamma (\tau_\beta/(h_1 h_2))\right] - \\ &\quad - \sigma_\gamma \nu h_1 h_3 - \sigma_\beta \mu h_1 h_2 + X_\alpha \\ L_{\mathrm{II}} &= h_1 h_2 h_3 \left[\partial_\alpha (\tau_\gamma/(h_2 h_3)) + \partial_\beta (\sigma_\beta/(h_3 h_1)) + \partial_\gamma (\tau_\alpha/(h_1 h_2))\right] + \\ &\quad + \tau_\gamma \mu h_2 h_1 + \tau_\alpha h_3 h_2 \partial_\gamma (1/h_2) - \sigma_\gamma h_2 h_3 \partial_\beta (1/h_3) + X_\beta \\ L_{\mathrm{III}} &= h_1 h_2 h_3 \left[\partial_\alpha (\tau_\beta/(h_2 h_3)) + \partial_\beta (\tau_\alpha/(h_3 h_1)) + \partial_\gamma (\sigma_\gamma/(h_2 h_1))\right] + \\ &\quad + \tau_\alpha h_3 h_2 \partial_\beta (1/h_3) + \tau_\beta \nu h_3 h_1 - \sigma_\beta h_3 h_2 \partial_\gamma (1/h_2) + X_\gamma. \end{aligned}\right\} \quad (11\,\mathrm{b})$$

Die virtuellen Verschiebungen eines Punktes der Schale sind Δu, Δv, Δw. Dann muß, trotz Nichtbefriedigung der Gleichungen $L_{\mathrm{I}} = L_{\mathrm{II}} = L_{\mathrm{III}} = 0$, doch das Integral der virtuellen Arbeit verschwinden:

$$\iiint ((L_{\mathrm{I}}\, \delta \Delta u + L_{\mathrm{II}}\, \delta \Delta v + L_{\mathrm{III}}\, \delta \Delta w)/(h_1 h_2 h_3))\, \mathrm{d}\alpha\, \mathrm{d}\beta\, \mathrm{d}\gamma = 0.$$

Diese virtuellen Verschiebungen sind aber durch Gleichung (5a) bestimmt

$$\begin{aligned} \delta \Delta u &= \delta \Delta u_0 \\ \delta \Delta v &= \delta \Delta v_0 (h_2^0/h_2) - (\alpha - \alpha_0)\, h_2^0 \partial_\beta\, \delta \Delta u_0/h_1 \\ \delta \Delta w &= \delta \Delta w_0 (h_3^0/h_3) - (\alpha - \alpha_0)\, h_3^0 \partial_\gamma\, \delta \Delta u_0/h_1. \end{aligned}$$

Setzt man dies ein, so erhält man:

$$\begin{aligned} \iiint \frac{1}{h_1 h_2 h_3} \Big(& L_{\mathrm{I}}\, \delta \Delta u_0 + L_{\mathrm{II}} \frac{h_2^0}{h_2} \delta \Delta v_0 + L_{\mathrm{III}} \frac{h_0^3}{h_3} \delta \Delta w_0 - \\ & - L_{\mathrm{II}} (\alpha - \alpha_0) \frac{h_2^0}{h_1} \partial_\beta\, \delta \Delta u_0 - L_{\mathrm{III}} (\alpha - \alpha_0) \frac{h_3^0}{h_1} \partial_\gamma\, \delta \Delta u_0 \Big)\, \mathrm{d}\alpha\, \mathrm{d}\beta\, \mathrm{d}\gamma = 0. \end{aligned}$$

Um die Variationen von der Stellung unter dem Differentiationszeichen zu befreien, müssen wir partiell integrieren und erhalten auf diese Weise, wenn man setzt

$$\begin{aligned} & L_{\mathrm{I}} + h_1 h_2 h_3 (\alpha - \alpha_0)\, \partial_\beta (L_{\mathrm{II}}\, h_2^0/(h_1 h_2 h_3))/h_1 + \\ & \quad + h_1 h_2 h_3 (\alpha - \alpha_0)\, \partial_\gamma (L_{\mathrm{III}}\, h_3^0/(h_1 h_2 h_3))/h_1 = S, \end{aligned}$$

ein Oberflächen- und ein Volumenintegral:

$$\begin{aligned} & - \iint ((\alpha - \alpha_0)\, h_2^0 L_{\mathrm{II}}\, \delta \Delta u_0/(h_1^2 h_2 h_3))\, \mathrm{d}\alpha\, \mathrm{d}\gamma - \\ & - \iint ((\alpha - \alpha_0)\, h_3^0 L_{\mathrm{III}}\, \delta \Delta u_0/(h_1^2 h_2 h_3))\, \mathrm{d}\alpha\, \mathrm{d}\beta + \\ + \iiint & \left[(S\, \delta \Delta u_0 + L_{\mathrm{II}} (h_2^0/h_2)\, \delta \Delta v_0 + L_{\mathrm{III}} (h_3^0/h_3)\, \delta \Delta w_0) / (h_1 h_2 h_3)\right] \mathrm{d}\alpha\, \mathrm{d}\beta\, \mathrm{d}\gamma = 0. \end{aligned}$$

Aus der Unabhängigkeit der Variationen für die Oberfläche und für das Innere folgt dann sofort

$$\left.\begin{aligned}&(\mathrm{I}) \quad \int (\alpha - \alpha_0)\,(L_{\mathrm{II}}/(h_1 h_2 h_3))\,\mathrm{d}\alpha = 0\\ &(\mathrm{II}) \quad \int (\alpha - \alpha_0)\,(L_{\mathrm{III}}/(h_1 h_2 h_3))\,\mathrm{d}\alpha = 0\end{aligned}\right\} \tag{12}$$

Mit Worten: die Momente der Fehlvektoren L_{II} und L_{III} in bezug auf die Mittelfläche der Schale müssen überall verschwinden. Mit diesem Resultat reduziert sich aber auch das Volumenintegral ganz erheblich, denn diese Momente treten ja auch in dem Volumenintegral auf (die Differentiationen nach β bzw. γ können dabei nicht stören); es wird: $S = L_{\mathrm{I}}$.

Da wir nun die 3 Variationen $\delta\,\Delta\,u_0$, $\delta\,\Delta\,v_0$, $\delta\,\Delta\,w_0$ zunächst unabhängig voraussetzen, folgt aus der Gleichung

$$\begin{aligned}\iiint \big[(L_{\mathrm{I}}\,\delta\,\Delta\,u_0 + L_{\mathrm{II}}\,(h_2^0/h_2)\,\delta\,\Delta\,v_0 +\\ + L_{\mathrm{III}}\,(h_3^0/h_3)\,\delta\,\Delta\,w_0)/(h_1 h_2 h_3)\big]\,\mathrm{d}\alpha\,\mathrm{d}\beta\,\mathrm{d}\gamma = 0,\end{aligned} \tag{13a}$$

daß die 3 Integrale über die Normale zur Mittelfläche einzeln verschwinden müssen:

$$\left.\begin{aligned}N_{\mathrm{I}} &= \int (L_{\mathrm{I}}/(h_1 h_2 h_3))\,\mathrm{d}\alpha = 0\\ N_{\mathrm{II}} &= \int (L_{\mathrm{II}}\,(h_2^0/h_2)/(h_1 h_2 h_3))\,\mathrm{d}\alpha = 0\\ N_{\mathrm{III}} &= \int (L_{\mathrm{III}}\,(h_3^0/h_3)/(h_1 h_2 h_3))\,\mathrm{d}\alpha = 0\end{aligned}\right\} \tag{13b}$$

Unter Annahme einer Schalendicke h sind die Integrationsgrenzen

$$\alpha_2 = \alpha_0 + h_1\,h/2 \quad \text{und} \quad \alpha_1 = \alpha_0 - h_1\,h/2.$$

Sollten auch die Verschiebungen der Mittelfläche selbst noch weiteren Einschränkungen unterworfen werden, was in manchen Fällen sehr zweckmäßig sein kann, so schreiben wir das Integral (13) in der Form an

$$\iint (N_{\mathrm{I}}\,\delta\,\Delta\,u_0 + N_{\mathrm{II}}\,\delta\,\Delta\,v_0 + N_{\mathrm{III}}\,\delta\,\Delta\,w_0)\,\mathrm{d}\beta\,\mathrm{d}\gamma = 0,$$

weil dieses Integral in jedem Fall verschwinden muß.

Wir erraten leicht, daß die Gleichungen (I) und (II) unter (12) zur Elimination der Scherspannungen τ_β und τ_γ dienen müssen, für welche Größen wir außerdem ja keine Gleichung haben. Wir erwähnten aber bereits, daß es sich hier um eine Elimination ganz wie bei Balken und Platte handelt. Daß diese Elimination überhaupt ausführbar ist, macht die Schalentheorie erst möglich.

Durch Einsetzen von (11b) erhalten wir aus (12)

$$\begin{aligned}(\mathrm{I}) \quad &\int (\alpha - \alpha_0)\,\partial_\alpha\,(\tau_\gamma/(h_2 h_3))\,\mathrm{d}\alpha +\\ &+ \int (\alpha - \alpha_0)\,\partial_\beta\,(\sigma_\beta/(h_1 h_3))\,\mathrm{d}\alpha + \int (\alpha - \alpha_0)\,\partial_\gamma\,(\tau_\alpha/(h_1 h_2))\,\mathrm{d}\alpha +\\ &+ \mu \int (\alpha - \alpha_0)\,(\tau_\gamma/h_3)\,\mathrm{d}\alpha + \int (\alpha - \alpha_0)\,(\tau_\alpha/h_1)\,\partial_\gamma\,(1/h_2)\,\mathrm{d}\alpha -\\ &- \int (\alpha - \alpha_0)\,(\sigma_\gamma/h_1)\,\partial_\beta\,(1/h_3)\,\mathrm{d}\alpha + \int (\alpha - \alpha_0)\,(X_\beta/(h_1 h_2 h_3))\,\mathrm{d}\alpha = 0\\ (\mathrm{II}) \quad &\int (\alpha - \alpha_0)\,\partial_\alpha\,(\tau_\beta/(h_2 h_3))\,\mathrm{d}\alpha +\\ &+ \int (\alpha - \alpha_0)\,\partial_\beta\,(\tau_\alpha/(h_1 h_3))\,\mathrm{d}\alpha + \int (\alpha - \alpha_0)\,\partial_\gamma\,(\sigma_\gamma/(h_1 h_2))\,\mathrm{d}\alpha +\\ &+ \nu \int (\alpha - \alpha_0)\,(\tau_\beta/h_2)\,\mathrm{d}\alpha + \int (\alpha - \alpha_0)\,(\tau_\alpha/h_1)\,\partial_\beta\,(1/h_3)\,\mathrm{d}\alpha -\\ &- \int (\alpha - \alpha_0)\,(\sigma_\beta/h_1)\,\partial_\gamma\,(1/h_2)\,\mathrm{d}\alpha + \int (\alpha - \alpha_0)\,(X_\gamma/(h_1 h_2 h_3))\,\mathrm{d}\alpha = 0.\end{aligned}$$

Die beiden Integrale mit X_β und X_γ kann man nutzbringend verwerten, wenn die Schale durch Momente belastet wird; in anderen Fällen verschwinden sie. Zur weiteren Vereinfachung der Gleichungen (I) und (II) führen wir die folgenden Identitäten ein, deren Richtigkeit aus der Gleichung (3) folgt:

$$\int_{\alpha_1}^{\alpha_2} (\alpha - \alpha_0)\, \partial_\alpha \left(\frac{\tau_\gamma}{h_2 h_3}\right) d\alpha + \mu \int_{\alpha_1}^{\alpha_2} (\alpha - \alpha_0) \frac{\tau_\gamma}{h_3}\, d\alpha = -\frac{1}{h_2^0} \int_{\alpha_1}^{\alpha_2} \frac{\tau_\gamma}{h_3}\, d\alpha$$

$$\int_{\alpha_1}^{\alpha_2} (\alpha - \alpha_0)\, \partial_\alpha \left(\frac{\tau_\beta}{h_2 h_3}\right) d\alpha + \nu \int_{\alpha_1}^{\alpha_2} (\alpha - \alpha_0) \frac{\tau_\beta}{h_2}\, d\alpha = -\frac{1}{h_3^0} \int_{\alpha_1}^{\alpha_2} \frac{\tau_\beta}{h_2}\, d\alpha.$$

Dabei wird die Annahme eingeführt, daß τ_β und τ_γ an den Grenzflächen der Schale, für $\alpha = \alpha_1$ und $\alpha = \alpha_2$ verschwinden.
Man erhält nun nach einiger Zwischenrechnung

$$\left.\begin{aligned}
&\int_{\alpha_1}^{\alpha_2} (\tau_\gamma/h_3)\, d\alpha = \int_{\alpha_1}^{\alpha_2} (\alpha - \alpha_0)\, h_2^0\, \partial_\beta (\sigma_\beta/(h_1 h_3))\, d\alpha + \\
&+ \int_{\alpha_1}^{\alpha_2} (\alpha - \alpha_0)\, h_2^0\, \partial_\gamma \left(\frac{\tau_\alpha}{h_1 h_2}\right) d\alpha + \int_{\alpha_1}^{\alpha_2} (\alpha - \alpha_0) \frac{h_2^0}{h_1} \tau_\alpha\, \partial_\gamma \left(\frac{1}{h_2}\right) d\alpha - \\
&- \int_{\alpha_1}^{\alpha_2} (\alpha - \alpha_0) \frac{h_2^0}{h_1} \sigma_\gamma\, \partial_\beta \left(\frac{1}{h_3}\right) d\alpha + \int_{\alpha_1}^{\alpha_2} (\alpha - \alpha_0) \frac{X_\beta}{h_1 h_3} \frac{h_2^0}{h_2}\, d\alpha
\end{aligned}\right\} \qquad (14\,\mathrm{a})$$

$$\left.\begin{aligned}
&\int_{\alpha_1}^{\alpha_2} (\tau_\beta/h_2)\, d\alpha = \int_{\alpha_1}^{\alpha_2} (\alpha - \alpha_0)\, h_3^0\, \partial_\gamma (\sigma_\gamma/(h_1 h_2))\, d\alpha + \\
&+ \int_{\alpha_1}^{\alpha_2} (\alpha - \alpha_0)\, h_3^0\, \partial_\beta \left(\frac{\tau_\alpha}{h_1 h_3}\right) d\alpha + \int_{\alpha_1}^{\alpha_2} (\alpha - \alpha_0) \frac{h_3^0}{h_1} \tau_\alpha\, \partial_\beta \left(\frac{1}{h_3}\right) d\alpha - \\
&- \int_{\alpha_1}^{\alpha_2} (\alpha - \alpha_0) \frac{h_3^0}{h_1} \sigma_\beta\, \partial_\gamma \left(\frac{1}{h_2}\right) d\alpha + \int_{\alpha_1}^{\alpha_2} (\alpha - \alpha_0) \frac{X_\gamma}{h_1 h_2} \frac{h_3^0}{h_3}\, d\alpha
\end{aligned}\right\} \qquad (14\,\mathrm{b})$$

Der Zusammenhang dieser Schubspannungen mit den zugehörigen resultierenden Scherkräften ist leicht herzustellen.
Es ist ja — bezogen auf die Einheit der Mittellinie

$$T_\gamma = (1/dn_3^0) \int_{\alpha_1}^{\alpha_2} \tau_\gamma\, dn_1\, dn_3 = (h_3^0/h_1) \int_{\alpha_1}^{\alpha_2} (\tau_\gamma/h_3)\, d\alpha \qquad (15\,\mathrm{a})$$

$$T_\beta = (1/dn_2^0) \int_{\alpha_1}^{\alpha_2} \tau_\beta\, dn_1\, dn_2 = (h_2^0/h_1) \int_{\alpha_1}^{\alpha_2} (\tau_\beta/h_2)\, d\alpha \qquad (15\,\mathrm{b})$$

Durch Elimination dieser Schubspannungen aus den Gleichungen (13b) erhalten wir schließlich die 3 Grundgleichungen der Schalentheorie

$$
\begin{aligned}
N_{\mathrm{I}} = {} & \partial_\beta \int_{\alpha_1}^{\alpha_2} \frac{h_2^0}{h_1}(\alpha-\alpha_0)\,\partial_\beta\left(\frac{\sigma_\beta}{h_1 h_3}\right) d\alpha + \partial_\beta \int_{\alpha_1}^{\alpha_2} \frac{h_2^0}{h_1}(\alpha-\alpha_0)\,\partial_\gamma\left(\frac{\tau_\alpha}{h_1 h_2}\right) d\alpha + \\
& + \partial_\gamma \int_{\alpha_1}^{\alpha_2} \frac{h_3^0}{h_1}(\alpha-\alpha_0)\,\partial_\gamma\left(\frac{\sigma_\gamma}{h_1 h_2}\right) d\alpha + \partial_\gamma \int_{\alpha_1}^{\alpha_2} \frac{h_3^0}{h_1}(\alpha-\alpha_0)\,\partial_\beta\left(\frac{\tau_\alpha}{h_1 h_2}\right) d\alpha + \\
& + \partial_\beta \int_{\alpha_1}^{\alpha_2} \frac{h_2^0}{h_1^2}(\alpha-\alpha_0)\,\tau_\alpha\,\partial_\gamma\left(\frac{1}{h_2}\right) d\alpha - \partial_\beta \int_{\alpha_1}^{\alpha_2} \frac{h_2^0}{h_1^2}(\alpha-\alpha_0)\,\sigma_\gamma\,\partial_\beta\left(\frac{1}{h_3}\right) d\alpha + \\
& + \partial_\gamma \int_{\alpha_1}^{\alpha_2} \frac{h_3^0}{h_1^2}(\alpha-\alpha_0)\,\tau_\alpha\,\partial_\beta\left(\frac{1}{h_3}\right) d\alpha - \partial_\gamma \int_{\alpha_1}^{\alpha_2} \frac{h_3^0}{h_1^2}(\alpha-\alpha_0)\,\sigma_\beta\,\partial_\gamma\left(\frac{1}{h_2}\right) d\alpha + \\
& - \int_{\alpha_1}^{\alpha_2} \partial_\alpha\left(\frac{1}{h_2}\right)\frac{\sigma_\beta}{h_3}\, d\alpha - \int_{\alpha_1}^{\alpha_2} \partial_\alpha\left(\frac{1}{h_3}\right)\frac{\sigma_\gamma}{h_2}\, d\alpha + \int_{\alpha_1}^{\alpha_2} \frac{X_\alpha}{h_1 h_2 h_3}\, d\alpha + \\
& + \partial_\beta \int_{\alpha_1}^{\alpha_2} \frac{X_\beta}{h_1 h_2 h_3}\,\frac{h_2^0}{h_1}(\alpha-\alpha_0)\, d\alpha + \partial_\gamma \int_{\alpha_1}^{\alpha_2} \frac{X_\gamma}{h_1 h_2 h_3}\,\frac{h_3^0}{h_1}(\alpha-\alpha_0)\, d\alpha + \\
& + \left[\frac{\sigma_\alpha}{h_2 h_3}\right]_{\alpha_1}^{\alpha_2}
\end{aligned}
\tag{16a}
$$

Diese Gleichgewichtsgleichung für die Richtung der Normale ist natürlich die kompliziertere, die beiden übrigen werden einfacher.

$$
\begin{aligned}
N_{\mathrm{II}} = {} & \int_{\alpha_1}^{\alpha_2} \frac{h_2^0}{h_2}\,\partial_\beta\left(\frac{\sigma_\beta}{h_1 h_2}\right) d\alpha + \int_{\alpha_1}^{\alpha_2} \frac{h_2^0}{h_2}\,\partial_\gamma\left(\frac{\tau_\alpha}{h_1 h_2}\right) d\alpha + \int_{\alpha_1}^{\alpha_2} \frac{h_2^0}{h_1 h_2}\,\tau_\alpha\,\partial_\gamma\left(\frac{1}{h_2}\right) d\alpha - \\
& - \int_{\alpha_1}^{\alpha_2} \frac{h_2^0}{h_1 h_2}\,\sigma_\gamma\,\partial_\beta\left(\frac{1}{h_3}\right) d\alpha + \int_{\alpha_1}^{\alpha_2} \frac{X_\beta}{h_1 h_2 h_3}\,\frac{h_2^0}{h_2}\, d\alpha
\end{aligned}
\tag{16b}
$$

$$
\begin{aligned}
N_{\mathrm{III}} = {} & \int_{\alpha_1}^{\alpha_2} \frac{h_3^0}{h_3}\,\partial_\beta\left(\frac{\tau_\alpha}{h_1 h_2}\right) d\alpha + \int_{\alpha_1}^{\alpha_2} \frac{h_3^0}{h_3}\,\partial_\gamma\left(\frac{\sigma_\gamma}{h_1 h_2}\right) d\alpha + \int_{\alpha_1}^{\alpha_2} \frac{h_3^0}{h_1 h_3}\,\tau_\alpha\,\partial_\beta\left(\frac{1}{h_3}\right) d\alpha - \\
& - \int_{\alpha_1}^{\alpha_2} \frac{h_3^0}{h_1 h_3}\,\sigma_\beta\,\partial_\gamma\left(\frac{1}{h_2}\right) d\alpha + \int_{\alpha_1}^{\alpha_2} \frac{X_\gamma}{h_1 h_2 h_3}\,\frac{h_3^0}{h_3}\, d\alpha
\end{aligned}
\tag{16c}
$$

In diesen 3 Gleichungen kommen nunmehr nur noch die Spannungen σ_β, σ_γ, τ_α vor (den Index α bei τ_α können wir übrigens nunmehr unterdrücken).

Mit Hilfe der Beziehungen (8) sind wir imstande, die notwendige Integration über die Plattennormale sofort auszuführen, wodurch die Formeln viel einfacher für die Anwendung werden.

Bei Spezialisierung der Formeln auf besondere Koordinaten geht ein Teil der Symmetrie verloren und es ergeben sich unvermeidliche Versehen beim Rechnen.

Die Anwendung der Formeln wird dagegen angenehm, wenn die Gleichungen in der endgültigen Form bereits gebrauchsfertig sind.

Wir wenden uns zuerst der Berechnung der Schwerkräfte nach Gleichung (14) und (15) zu. Es kommen dabei 3 Integrale in Frage. Das erste ist:

$$\int_{\alpha_1}^{\alpha_2} \mathrm{d}(\alpha-\alpha_0) = [\alpha-\alpha_0]_{\alpha_1=\alpha_0-h_1 h/2}^{\alpha_2=\alpha_0+h_1 h/2} = h_1 h = \varepsilon.$$

Wir führen also den Buchstaben ε ein zur Bezeichnung einer dimensionslosen Größe, welche die Plattendicke zum Ausdruck bringt. Es wird:

$$\int_{\alpha_1}^{\alpha_2} (\alpha-\alpha_0)\,\mathrm{d}(\alpha-\alpha_0) = \left[(1/2)(\alpha-\alpha_0)^2\right]_{\alpha_1}^{\alpha_2} = 0$$

und

$$\int_{\alpha_1}^{\alpha_2} (\alpha-\alpha_0)^2\,\mathrm{d}(\alpha-\alpha_0) = \left[(1/3)(\alpha-\alpha_0)^3\right]_{\alpha_1}^{\alpha_2} = (1/12)\,h_1^3 h^3 = (1/12)\,\varepsilon^3.$$

Wie schon erwähnt, bringt dieses Integral den Einfluß der Momente zur Geltung. Durch Einsetzen der Gleichung (8) in (14) erhält man schließlich zusammen mit den Beziehungen (15):

$$T_\gamma = \frac{h_2^0 h_3^0}{h_1^2}\frac{E'\varepsilon^3}{12}\left(\partial_\beta\left(A_\beta \nu + \frac{B_\beta}{h_3^0}\right) - \left(A_\gamma \partial_\beta \nu + B_\gamma \cdot \partial_\beta \frac{1}{h_3^0}\right) + \right.$$
$$\left. + \frac{m-1}{2m}\partial_\gamma\left(A\mu - \frac{B}{h_2^0}\right) + \frac{m-1}{2m}\left(A\,\partial_\gamma \mu - B\,\partial_\gamma \frac{1}{h_2^0}\right)\right) \qquad (17\,a)$$

$$T_\beta = \frac{h_2^0 h_3^0}{h_1^2}\frac{E'\varepsilon^3}{12}\left(\partial_\gamma\left(A_\gamma \mu + \frac{B_\gamma}{h_2^0}\right) - \left(A_\beta \partial_\gamma \mu + B_\beta \partial_\gamma \frac{1}{h_2^0}\right) + \right.$$
$$\left. + \frac{m-1}{2m}\partial_\beta\left(A\nu - \frac{B}{h_3^0}\right) + \frac{m-1}{2m}\left(A\,\partial_\beta \nu - B\,\partial_\beta \frac{1}{h_3^0}\right)\right). \qquad (17\,b)$$

Die Massenkräfte lassen wir nun weg, da sie nur in besonderen Fällen in Frage kommen.

Wir wenden uns nun zur Einführung der Spannungen in die Hauptgleichungen, womit wir die allgemeine Theorie abschließen und uns verschiedenen Anwendungen der Theorie zuwenden wollen. Mit Übergehung der einfachen Zwischenrechnungen erhalten wir:

$$N_{\mathrm{I}} = \frac{E'\varepsilon^3}{12}\left\{\partial_\beta\left(\frac{h_0^2}{h_1^2}\partial_\beta\left(A_\beta \nu + \frac{B_\beta}{h_3^0}\right)\right) + \frac{m-1}{2m}\partial_\beta\left(\frac{h_2^0}{h_1^2}\partial_\gamma\left(A\mu - \frac{B}{h_2^0}\right)\right) + \right.$$
$$+ \partial_\gamma\left(\frac{h_3^0}{h_1^2}\partial_\gamma\left(A_\gamma \mu + \frac{B_\gamma}{h_2^0}\right)\right) + \frac{m-1}{2m}\partial_\gamma\left(\frac{h_3^0}{h_1^2}\partial_\beta\left(A\nu - \frac{B}{h_3^0}\right)\right) +$$
$$+ \frac{m-1}{2m}\partial_\beta\left[\frac{h_2^0}{h_1^2}\left(A\,\partial_\gamma \mu - B\,\partial_\gamma\left(\frac{1}{h_2^0}\right)\right)\right] - \partial_\beta\left[\frac{h_2^0}{h_1^2}\left(A_\gamma \partial_\beta \nu + B_\gamma \partial_\beta\left(\frac{1}{h_3^0}\right)\right)\right] +$$
$$+ \frac{m-1}{2m}\partial_\gamma\left[\frac{h_3^0}{h_1^2}\left(A\,\partial_\beta \nu - B\,\partial_\beta\left(\frac{1}{h_3^0}\right)\right)\right] - \partial_\gamma\left[\frac{h_3^0}{h_1^2}\left(A_\beta \partial_\gamma \mu + B_\beta \partial_\gamma\left(\frac{1}{h_2^0}\right)\right)\right] -$$
$$\left. - \mu\,(C_\beta/h_3^0 + B_\beta \nu) - \nu\,(C_\gamma/h_2^0 + B_\gamma \cdot \mu)\right\} -$$
$$- E'\varepsilon\,(\mu A_\beta/h_3^0 + \nu A_\gamma/h_2^0) + p/(h_2^0 h_3^0) + X_\alpha\,\varepsilon/(h_1 h_2^0 h_3^0). \qquad (18\,a)$$

Wir haben hier an Stelle der Spannungen σ_α einen Innendruck p auf die Mittelfläche eingeführt.

An dieser Gleichung berührt zunächst merkwürdig, daß wir nicht die Glieder mit ε^3 gegen die Glieder mit ε vernachlässigen. Wir bitten den Leser hierauf bezügliche Fragen zurückzustellen und sich einstweilen mit der Versicherung zu begnügen, daß die klassische Schalentheorie zu denselben Endgleichungen führt.

Die anderen beiden Gleichungen werden:

$$\begin{aligned} N_{II} = {} & (E'\,\varepsilon^3/12)\cdot(1/h_1)\,\big[h_2^0\mu\,\partial_\beta\,(A_\beta\,\nu + B_\beta/h_3^0) + \partial_\beta\,(B_\beta\,\nu + C_\beta/h_3^0) - \\ & - (A_\gamma\,h_2^0\mu + B_\gamma)\,\partial_\beta\,\nu - (C_\gamma + B_\gamma\,h_2^0\mu)\,\partial_\beta\,(1/h_3^0) + \\ & + ((m-1)/(2\,m))\,(h_2^0\mu\,\partial_\gamma\,(A\,\mu - B/h_2^0) + \partial_\gamma\,(C/h_2^0 - B\,\mu) + \\ & + (A\,h_2^0\mu - B)\,\partial_\gamma\,\mu + (C - B\,h_2^0\mu)\,\partial_\gamma\,(1/h_2^0))\big] + \\ & + E'\,\varepsilon\cdot(1/h_1)\,\big[\partial_\beta\,(A_\beta/h_3^0) - A_\gamma\,\partial_\beta\,(1/h_3^0) + \\ & + ((m-1)/(2\,m))\,(\partial_\gamma\,(A/h_2^0) + A\,\partial_\gamma\,(1/h)_2^0)\big] + X_\beta\cdot\varepsilon/(h_1\,h_2^0\,h_3^0) \end{aligned} \tag{18b}$$

$$\begin{aligned} N_{III} = {} & (E'\,\varepsilon^3/12)\cdot(1/h_1)\,\big[h_3^0\,\nu\,\partial_\gamma\,(A_\gamma\mu + B_\gamma/h_2^0) + \partial_\gamma\,(B_\gamma\mu + C_\gamma/h_2^0) - \\ & - (A_\beta\,h_3^0\,\nu + B_\beta)\,\partial_\gamma\mu - (C_\beta + B_\beta\,h_3^0\,\nu)\,\partial_\gamma\,(1/h_2^0) + \\ & + ((m-1)/(2\,m))\,(h_3^0\,\nu\,\partial_\beta\,(A\,\nu - B/h_3^0) + \partial_\beta\,(C/h_3^0 - B\,\nu) + \\ & + (A\,h_3^0\,\nu - B)\,\partial_\beta\,\nu + (C - B\,h_3^0\,\nu)\,\partial_\beta\,(1/h_3^0))\big] + \\ & + E'\,\varepsilon\cdot(1/h_1)\,\big[\partial_\gamma\,(A_\gamma/h_2^0) - A_\beta\,\partial_\gamma\,(1/h_2^0) + \\ & + ((m-1)/(2\,m))\,(\partial_\beta\,(A/h_3^0) + A\,\partial_\beta\,(1/h_3^0))\big] + X_\gamma\,\varepsilon/(h_1\,h_2^0\,h_3^0). \end{aligned} \tag{18c}$$

Wir können nun zu den Anwendungen übergehen.

3. ANWENDUNGEN

a) Die Zylinderschale

α) Kinematik und Statik

Wir beginnen mit der Zylinderschale, weil die allgemeinen Gleichungen, abgeleitet nach der klassischen Theorie, dem Leser in dem Buche von W. Flugge „Statik und Dynamik der Schalen" zur Verfügung stehen[1]), wenn auch dort die Bezeichnungsweise etwas anders ist. Nur in den seltensten Fällen hat es einen praktischen Wert, mit den Gleichungen

$$N_I = 0,\ N_{II} = 0,\ N_{III} = 0$$

zu rechnen.

Die Gleichungen sind daher beinahe wertlos, wenn wir nicht eine Sonde beigeben, mittels derer der mechanische Sinn dieser Gleichungen in systematischer Weise erschlossen werden kann.

In der Tat hat man bisher in der Technik die Behandlung dieser Gleichungen gerne vermieden. Das Verfahren von Ritz, welches direkt mit dem Minimum

---

[1]) Im Verlag von Springer, Berlin 1934, siehe die Gleichung (137).

der elastischen Energie rechnet und daher die Differentialgleichungen nicht mehr benutzt, hat bisher das Feld behauptet, um so mehr, als der Techniker häufig die mathematische Variationsrechnung fürchtet. Wir glauben aber dem Leser bereits gezeigt zu haben, daß diese Furcht ganz unbegründet ist. Die durchgängige Verwendung der Methode von Ritz ist unserer Auffassung nach ebenso unpraktisch wie die Verwendung eines Pferdefuhrwerks für Reisen von mehreren hundert Kilometer Länge. Man muß sich nur klarmachen, daß unser Integral der virtuellen Verschiebungen ja das Endergebnis des Variationsprozesses darstellt, von welchem auch die Methode von Ritz ihren Ausgang nimmt, und daß die Behandlung von Differentialgleichungen auf diese Weise unter allen Umständen einfacher ist als durch die umständlichen Arbeitsausdrücke, dürfte aus unseren bisherigen Ausführungen bereits hervorgehen.

Dazu kommt noch, daß es nicht unter allen Umständen empfehlenswert ist, mit willkürlich angenommenen Funktionen zu rechnen. Es ist oft besser, das System der partiellen Differentialgleichung in ein simultanes System gewöhnlicher Gleichungen zu verwandeln, weil man dadurch dem in Frage stehenden Problem weniger Zwang antut und infolgedessen eine bessere Näherung erhält. Wir wollen dies gerade an dem einfachen Beispiel der Zylinderschale durchführen. Das Bogenelement wird

$$ds^2 = a^2\, d\,\varrho^2 + a^2\,\varrho^2\, d\,\vartheta^2 + l^2\, d\,\zeta^2$$

$$1/h_1 = a; \quad 1/h_2 = a\,\varrho; \quad 1/h_3 = l; \qquad \alpha = \varrho; \quad \beta = \vartheta; \quad \gamma = \zeta;$$

$$h_1 = 1/a; \quad h_2 = 1/(a\,\varrho); \quad h_3 = 1/l; \quad \alpha_0 = 1; \quad \mu = a; \quad \nu = 0.$$

Der Zusammenhang der Verschiebungen $\varDelta u$, $\varDelta v$, $\varDelta w$ und $\varDelta u_0$, $\varDelta v_0$, $\varDelta w_0$ ist hier sehr einfach:

$$\begin{aligned} \varDelta u &= \varDelta u_0 \\ \varDelta v &= \varDelta v_0 \cdot \varrho - (\varrho - 1)\, \partial_\vartheta\, \varDelta u_0 \\ \varDelta w &= \varDelta w_0 - (\varrho - 1)\, (a/l)\, \partial_\zeta\, \varDelta u_0 . \end{aligned}$$

Wir ziehen es daher vor, in diesem Falle nicht sogleich nach Potenzen von $\alpha - \alpha_0$, d. h. $\varrho - 1$ zu entwickeln, sondern die Rechnung direkt durchzuführen. Wir erhalten dann die Verformungen

$$\begin{aligned} \varDelta e_\beta &= (1/a)\, (\partial_\vartheta\, \varDelta v_0 + \varDelta u_0/\varrho - (1 - 1/\varrho)\, \partial_\vartheta^2\, \varDelta u_0) \\ \varDelta e_\gamma &= (1/l)\, \partial_\zeta\, \varDelta w_0 - (\varrho - 1)\, (a/l^2)\, \partial_\zeta^2\, \varDelta u_0 \\ \varDelta \gamma &= (1/(2\,a\,\varrho))\, \partial_\vartheta\, \varDelta w_0 + (1/(2\,l))\, (\varrho\, \partial_\zeta\, \varDelta v_0 - (\varrho - 1/\varrho)\, \partial_\vartheta \partial_\zeta \varDelta u_0) \end{aligned}$$

und die Spannungen

$$\begin{aligned} \sigma_\beta &= E' \cdot (1/a)\, (\partial_\vartheta\, \varDelta v_0 + \varDelta u_0/\varrho - (1 - 1/\varrho)\, \partial_\vartheta^2\, \varDelta u_0) + \\ &\quad + (E'/m)\, (1/l)\, (\partial_\zeta\, \varDelta w_0 - (a/l)\, (\varrho - 1)\, \partial_\zeta^2\, \varDelta u_0) \\ \sigma_\gamma &= E'\, (1/l)\, (\partial_\zeta\, \varDelta w_0 - (\varrho - 1)\, (a/l)\, \partial_\zeta^2\, \varDelta u_0) + \\ &\quad + (E'/m)\, (1/a)\, (\partial_\vartheta\, \varDelta v_0 + \varDelta u_0/\varrho - (1 - 1/\varrho)\, \partial_\vartheta^2\, \varDelta u_0) \\ \tau &= (E'\, (m - 1)/(2\, m)) \cdot (1/a)\, ((1/\varrho)\, \partial_\vartheta\, \varDelta w_0 + (a/l)\, \varrho\, \partial_\zeta\, \varDelta v_0 - \\ &\quad - (a/l)\, (\varrho - 1/\varrho)\, \partial_\vartheta\, \partial_\zeta\, \varDelta u_0) . \end{aligned}$$

Nach unseren Gleichungen (9) und (10) erhalten wir aber dieselben Werte in Reihenentwicklung nach Potenzen von $\varrho - 1$ und diese Werte wollen wir unserer weiteren Entwicklung zugrunde legen. Wir erhalten nun mit Formel (9):

$$A = (1/a)\,\partial_\vartheta \Delta w_0 + (1/l)\,\partial_\zeta \Delta v_0$$
$$B = (1/a)\,\partial_\vartheta \Delta w_0 - (1/l)\,\partial_\zeta \Delta v_0 + (2/l)\,\partial_\vartheta \partial_\zeta \Delta u_0$$
$$C = (1/a)\,\partial_\vartheta \Delta w_0 + (1/l)\,\partial_\vartheta \partial_\zeta \Delta u_0;$$

mit Formel (10a):

$$L_\beta = (1/a)\,(\Delta u_0 + \partial_\vartheta \Delta v_0)$$
$$M_\beta = -(1/a)\,(\Delta u_0 + \partial_\vartheta \Delta v_0) + (1/a)\,\partial_\vartheta (\Delta v_0 - \partial_\vartheta \Delta u_0) =$$
$$= -(1/a)\,(\Delta u_0 + \partial_\vartheta^2 \Delta u_0)$$
$$N_\beta = +(1/a)\,(\Delta u_0 + \partial_\vartheta \Delta v_0) - (1/a)\,\partial_\vartheta (\Delta v_0 - \partial_\vartheta \Delta u_0) =$$
$$= (1/a)\,(\Delta u_0 + \partial_\vartheta^2 \Delta u_0);$$

mit Formel (10b):

$$L_\gamma = +(1/l)\,\partial_\zeta \Delta w_0; \quad M_\gamma = -(a/l^2)\,\partial_\zeta^2 \Delta u_0; \quad N_\gamma = 0.$$

Damit lassen sich nun die Spannungsgrößen des ebenen Zustandes noch einmal angeben, und zwar nach Potenzen von $\varrho - 1$ entwickelt [s. Gleichung (8) und (8a)].

$$\sigma_\beta = \sigma_\nu = E'\,(1/a)\,(\Delta u_0 + \partial_\vartheta \Delta v_0) -$$
$$- E'\,(\Delta u_0 + \partial_\vartheta^2 \Delta u_0)\,(\varrho - 1)/a +$$
$$+ E'\,(\Delta u_0 + \partial_\vartheta^2 \Delta u_0)\,(\varrho - 1)^2/a +$$
$$+ (E'/m)\,((1/l)\,\partial_\zeta \Delta w_0 - (a/l^2)\,\partial_\zeta^2 \Delta u_0\,(\varrho - 1));$$

$$\sigma_\gamma = \sigma_\zeta = E'\,(1/l)\,\partial_\zeta \Delta w_0 - (a/l^2)\,\partial_\zeta^2 \Delta u_0\,(\varrho - 1) + (E'/m)\,(1/a)\,(\Delta u_0 + \partial_\vartheta \Delta v_0) -$$
$$- (E'/m)\,(\Delta u_0 + \partial_\vartheta^2 \Delta u_0)\,(\varrho - 1)/a +$$
$$+ (E'/m)\,(\Delta u_0 + \partial_\vartheta^2 \Delta u_0)\,(\varrho - 1)^2/a;$$

$$\tau = (E'\,(m-1)/(2\,m))\,\big[(1/a)\,\partial_\vartheta \Delta w_0 + (1/l)\,\partial_\zeta \Delta v_0 -$$
$$- ((1/a)\,\partial_\vartheta \Delta w_0 - (1/l)\,\partial_\zeta \Delta v_0 + (2/l)\,\partial_\vartheta \partial_\zeta \Delta u_0)\,(\varrho - 1) +$$
$$+ ((1/a)\,\partial_\vartheta \Delta w_0 + (1/l)\,\partial_\vartheta \partial_\zeta \Delta u_0)\,(\varrho - 1)^2\big].$$

Es sei noch auf die den Ausführungen in Abschnitt β angepaßte Form hingewiesen:

$$\sigma \;\; = \sigma \;\; = E'\,(1/a)\,(\Delta u_0 + \partial_\vartheta \Delta v_0) +$$
$$+ E'\,(\partial_\vartheta (\Delta v_0 - \partial_\vartheta \Delta u_0) - (\Delta u_0 + \partial_\vartheta \Delta v_0))\,(\varrho - 1)/a -$$
$$- E'\,(\partial_\vartheta (\Delta v_0 - \partial_\vartheta \Delta u_0) - (\Delta u_0 + \partial_\vartheta \Delta v_0))\,(\varrho - 1)^2/a +$$
$$+ (E'/m)\,((1/l)\,\partial_\zeta \Delta w_0 - (a/l^2)\,\partial_\zeta^2 \Delta u_0\,(\varrho - 1))$$

$$\sigma_\gamma = \sigma_\zeta = E'\,(1/l)\,\partial_\zeta \Delta w_0 - (a/l^2)\,\partial_\zeta^2 \Delta u_0\,(\varrho - 1) + (E'/m)\,(1/a)\,(\Delta u_0 + \partial_\vartheta \Delta v_0) +$$
$$+ (E'/m)\,(\partial_\vartheta (\Delta v_0 - \partial_\vartheta \Delta u_0) - (\Delta u_0 + \partial_\vartheta \Delta v_0))\,(\varrho - 1)/a -$$
$$- (E'/m)\,(\partial_\vartheta (\Delta v_0 - \partial_\vartheta \Delta u_0) - (\Delta u_0 + \partial_\vartheta \Delta v_0))\,(\varrho - 1)^2/a$$

Diese Formeln sind zur Bestimmung der Biegungsmomente bequemer als die zuerst angegebenen, denn für die Bestimmung des Momentes kommt nur der Faktor von $\varrho - 1$ in Frage.

Man tut gut, sich auch bei der Bestimmung der Momente der allgemeinen Formeln zu bedienen, da man sonst zu leicht Fehler macht. Man hat allgemein die folgenden drei auf die Einheit der Mittellinie bezogenen Momente:

Momente im Querschnitt $\alpha\gamma$:

Ein Biegungsmoment

$$M_\beta = (1/\mathrm{d}\,n_3^0) \int_{\alpha_1}^{\alpha_2} \sigma_\beta \,\mathrm{d}\,n_1 \,\mathrm{d}\,n_3 (\alpha - \alpha_0)/h_1$$

$$M_\beta = (h_3^0/h_1^2) \int_{\alpha_1}^{\alpha_2} (\sigma_\beta/h_3)(\alpha - \alpha_0)\,\mathrm{d}\,\alpha.$$

Ein Torsionsmoment mit dem oberen Index β

$$M_\tau^\beta = (h_3^0/h_1^2) \int_{\alpha_1}^{\alpha_2} (\tau/h_3)(\alpha - \alpha_0)\,\mathrm{d}\,\alpha.$$

Momente im Querschnitt $\alpha\beta$:

Ein Biegungsmoment

$$M_\gamma = (h_2^0/h_1^2) \int_{\alpha_1}^{\alpha_2} (\sigma_\gamma/h_2)(\alpha - \alpha_0)\,\mathrm{d}\,\alpha.$$

Ein Torsionsmoment mit dem oberen Index γ

$$M_\tau^\gamma = (h_2^0/h_1^2) \int_{\alpha_1}^{\alpha_2} (\tau/h_2)(\alpha - \alpha_0)\,\mathrm{d}\alpha.$$

Man sieht leicht, daß die beiden Torsionsmomente im allgemeinen nicht gleich sein werden.

Wir halten uns hier mit dieser einfachen Rechnung nicht auf, da wir ja in der Hauptsache die Spannungen selbst nötig haben. Dagegen müssen wir die Bestimmung der Scherspannungsresultanten noch vornehmen, denn die Scherspannungen selbst können wir nur dadurch ermitteln, daß wir diese Resultanten parabolisch über den Querschnitt verteilen. Wir bedienen uns der Formeln (17a) und (17b).

$$T_\gamma = ((E'\,\varepsilon^3\,a)/12)\left[\partial_\vartheta B_\beta + ((m-1)/(2\,m))\,(a/l)\,\partial_\zeta (A - B)\right]$$
$$T_\beta = ((E'\,\varepsilon^3\,a/12)\left[(a/l)\,\partial_\zeta (A_\gamma + B_\gamma) - ((m-1)/(2\,m))\,\partial_\vartheta B\right].$$

Setzt man hier die speziellen Werte für die Zylinderschale ein, so erhält man

$$T_\gamma = (E'\,\varepsilon^3/12)\left[-(\partial_\vartheta \Delta u_0 + \partial_\vartheta^3 \Delta u_0) - (a^2/l^2)\,\partial_\vartheta\,\partial_\zeta^2 \Delta u_0 + \right.$$
$$\left. + ((m-1)/m)\,(a^2/l^2)\,\partial_\zeta^2 \Delta v_0\right]$$

$$T_\beta = (E'\,\varepsilon^3/12)\left[-((m-1)/(2\,m))\,\partial_\vartheta^2 \Delta w_0 + (a^2/l^2)\,\partial_\zeta^2 \Delta w_0 - (a^3/l^3)\,\partial_\zeta^3 \Delta u_0 + \right.$$
$$\left. + ((m+1)/2\,m))\,(a/l)\,\partial_\vartheta\,\partial_\zeta \Delta v_0 - (a/l)\,\partial_\vartheta^2\,\partial_\zeta \Delta u_0\right]$$

Wir bedienen uns nun der Gleichung (16a, b, c) und erhalten:

$$N_{\mathrm{I}} = (E'\,\varepsilon^3/12)\,\bigl[a\,l\,\partial_\vartheta^2 B_\beta + ((m-1)/(2\,m))\,a^2\,\partial_\vartheta\,\partial_\zeta\,(A-B) + $$
$$+ (a^3/l)\,\partial_\zeta^2\,(A_\gamma + B_\gamma) - ((m-1)/(2\,m))\,a^2\,\partial_\vartheta\,\partial_\zeta\,B - a\,l\,C_\beta\bigr] -$$
$$- E'\,\varepsilon\,a\,l\,A_\beta + p\,a\,l + X_\alpha\,\varepsilon\,a^2\,l$$

$$N_{\mathrm{II}} = (E'\,\varepsilon^3/12)\,\bigl[a\,l\,\partial_\vartheta\,B_\beta + a\,l\,\partial_\vartheta\,C_\beta + ((m-1)/(2\,m))\,(a^2\,\partial_\zeta\,(A-B) +$$
$$+ a^2\,\partial_\zeta\,(C-B))\bigr] + E'\,\varepsilon\,\bigl[a\,l\,\partial_\vartheta\,A_\beta + ((m-1)/(2\,m))\,a^2\,\partial_\zeta\,A\bigr] + X_\beta\,\varepsilon\,a^2\,l$$

$$N_{\mathrm{III}} = (E'\,\varepsilon^3/12)\,\bigl[a^2\,\partial_\zeta\,(B_\gamma + C_\gamma) + ((m-1)/(2\,m))\,a\,l\,\partial_\vartheta\,C\bigr] +$$
$$+ E'\,\varepsilon\,\bigl[a^2\,\partial_\zeta\,A_\gamma + ((m-1)/(2\,m))\,a\,l\,\partial_\vartheta\,A\bigr] + X_\gamma\,\varepsilon\,a^2\,l.$$

Setzt man hier die durch Gleichung (8a) und (10) definierten dimensionslosen Größen ein und schreibt noch zur Abkürzung $\lambda = a/l$, so erhält man schließlich die bekannten Gleichungen des Zylinders

$$N_{\mathrm{I}}/l = (E'\,\varepsilon^3/12)\,\bigl[-\varDelta\,u_0 - 2\,\partial_\vartheta^2\,\varDelta\,u_0 - \partial_\vartheta^4\,\varDelta\,u_0 - 2\,\lambda^2\,\partial_\vartheta^2\partial_\zeta^2\,\varDelta\,u_0 - \lambda^4\,\partial_\zeta^4\,\varDelta\,u_0 +$$
$$+ ((3\,m-1)/(2\,m))\,\lambda^2\,\partial_\vartheta\,\partial_\zeta^2\,\varDelta\,v_0 - ((m-1)/(2\,m))\,\lambda\,\partial_\vartheta^2\,\partial_\zeta\,\varDelta\,w_0 +$$
$$+ \lambda^3\,\partial_\zeta^3\,\varDelta\,w_0\bigr] - E'\,\varepsilon\,((\varDelta\,u_0 + \partial_\vartheta\,\varDelta\,v_0) + (1/m)\,\lambda\,\partial_\zeta\,\varDelta\,w_0) + p\,a + X_\alpha\,\varepsilon\,a^2$$

$$N_{\mathrm{II}}/l = (E'\,\varepsilon^3/12)\,\bigl[-((3m-1)/(2m))\,\lambda^2\,\partial_\vartheta\,\partial_\zeta^2\,\varDelta\,u_0 + (3\,(m-1)/(2m))\,\lambda^2\,\partial_\zeta^2\,\varDelta v_0\bigr] +$$
$$+ E'\,\varepsilon\,\bigl[\partial_\vartheta^2\,\varDelta\,v_0 + \partial_\vartheta\,\varDelta\,u_0 + ((m+1)/(2\,m))\,\lambda\,\partial_\vartheta\,\partial_\zeta\,\varDelta\,w_0 +$$
$$+ ((m-1)/(2\,m))\,\lambda^2\,\partial_\zeta^2\,\varDelta\,v_0\bigr] + X_\beta\,\varepsilon\,a^2$$

$$N_{\mathrm{III}}/l = (E'\,\varepsilon^3/12)\,\bigl[((m-1)/(2\,m))\,\partial_\vartheta^2\,\varDelta\,w_0 + ((m-1)/(2\,m))\,\lambda\,\partial_\vartheta^2\,\partial_\zeta\,\varDelta\,u_0 -$$
$$- \lambda^3\,\partial_\zeta^3\,\varDelta\,u_0\bigr] + E'\,\varepsilon\,\bigl[\lambda^2\,\partial_\zeta^2\,\varDelta\,w_0 + ((m+1)/(2\,m))\,\lambda\,\partial_\vartheta\,\partial_\zeta\,\varDelta\,v_0 +$$
$$+ ((m-1)/2\,m))\,\partial_\vartheta^2\,\varDelta\,w_0 + (1/m)\,\lambda\,\partial_\zeta\,\varDelta\,u_0\bigr] + X_\gamma\,\varepsilon\,a^2.$$

Die Auflösung dieses simultanen partiellen Systems ist in den meisten Fällen viel zu zeitraubend. Man kann aber durch geeignete weitere Einschränkungen der Deformationsfähigkeit schließlich in jedem Falle ein System bekommen, bei welchem der Arbeitsaufwand der Berechnung mit der erwünschten Genauigkeit in einem annehmbaren Verhältnis steht.

β) Die Zylinderschale mit konstantem Umfang

Bei einer Zylinderschale mit konstantem, also vor und nach der Verformung gleichem Umfang z. B. führt man die willkürliche Beschränkung ein:

$$\varDelta\,e_\beta = \varDelta\,e_\vartheta = 0 = (1/a)\,(\partial_\vartheta\,\varDelta\,v_0 + \varDelta\,u_0) \text{ wegen } \varrho = 1, \text{ also:}$$

$$\varDelta\,u_0 + \partial_\vartheta\,\varDelta_0\,v = 0.$$

Diese Annahme ist besonders zweckmäßig dann, wenn der Zylinder längs einer Erzeugenden aufgeschnitten ist und an den Schnitträndern keine Normalspannungen wirken.

Für den Ingenieur sind derartige angenommene Einschränkungen darum so wichtig, weil durch dieselben erhöhte Spannungen hervorgerufen werden. In Wirklichkeit gibt das Material nach und die Spannungen werden kleiner. Sehr oft ist es dann möglich, durch das Verfahren der fortgesetzten Näherungen zu den richtigen Werten zu gelangen. Worauf der wissenschaftlich arbeitende Ingenieur Wert legen muß, ist das Wissen um alle willkürlichen Annahmen, die eingeführt werden, und eine Methode, um zu den richtigen Resultaten zu gelangen. In der gewandten Handhabung des Prinzips der virtuellen Verschiebungen haben wir gleichsam einen mathematischen Lasso, mit dem wir auch die widerspenstigsten Funktionen einfangen können.

Fahren wir in der Behandlung unseres Beispiels fort.

Der eingeführte Zwang erstreckt sich natürlich auch auf die virtuellen Verschiebungen, die ebenfalls der Gleichung $\delta \Delta u_0 + \partial \delta_\vartheta \Delta v_0 = 0$ genügen müssen. Unser Integral der virtuellen Verschiebungen

$$\iint (N_\mathrm{I}\, \delta \Delta u_0 + N_\mathrm{II}\, \delta \Delta v_0 + N_\mathrm{III}\, \delta \Delta w_0)\, \mathrm{d}\,\vartheta\, \mathrm{d}\,\zeta = 0$$

muß, wie wir wissen, verschwinden, es wird aber nun die Form erhalten

$$\iint (-N_\mathrm{I}\, \partial\, \delta_\vartheta \Delta v_0 + N_\mathrm{II}\, \delta \Delta v_0 + N_\mathrm{III}\, \delta \Delta w_0)\, \mathrm{d}\,\vartheta\, \mathrm{d}\,\zeta = 0.$$

Durch partielle Integration erhalten wir wieder, wenn $\vartheta_1 = 0$ und $\vartheta_2 = 2\pi$ oder die obere Grenze ist:

$$-\Big[\int N_\mathrm{I}\, \delta \Delta v_0\, d\zeta\Big]_{\vartheta_1}^{\vartheta_2} + \int_{\vartheta_1}^{\vartheta}\!\!\int ((\partial_\vartheta N_\mathrm{I} + N_\mathrm{II})\, \delta \Delta v_0 + N_\mathrm{III}\, \delta \Delta w_0)\, \mathrm{d}\vartheta\, \mathrm{d}\,\zeta = 0.$$

Hieraus, und zwar aus dem Doppelintegral, ergeben sich die Differentialgleichungen

$$\partial_\vartheta N_\mathrm{I} + N_\mathrm{II} = 0; \quad N_\mathrm{III} = 0.$$

Aus ihnen können die zwei unbekannten Funktionen Δv_0, Δw_0 ermittelt werden. Man kann hier zunächst fragen: Gelten denn nun nicht mehr die 3 Gleichgewichtsbedingungen

$$N_\mathrm{I} = 0, \quad N_\mathrm{II} = 0, \quad N_\mathrm{III} = 0\,?$$

Der scheinbare Widerspruch in unserer Methode läßt sich aber auf folgende Weise auflösen: Es bleibt tatsächlich nicht nur die Gleichung $N_\mathrm{III} = 0$ richtig, sondern auch die Gleichungen $N_\mathrm{I} = 0$; $N_\mathrm{II} = 0$. Wir erinnern uns aber, daß die Spannungen als Funktionen der Verformungen eingeführt werden. Durch Einführung einer Einschränkung wie Unausdehnbarkeit der Mittellinie ist natürlich die Spannung der Mittelfaser elastisch unbestimmbar geworden. Würden wir also die Spannungen angeben, ohne zu den aus den Verformungen gerechneten Spannungen noch eine Spannung $\sigma_\vartheta^{0'}$ zuzuschlagen, so würden wie bei Anwendung des Systems

$$N_\mathrm{I} = 0, \quad N_\mathrm{II} = 0, \quad N_\mathrm{III} = 0$$

auf Widersprüche kommen. Verwenden wir aber das System

$$\partial_\vartheta N_\mathrm{I} + N_\mathrm{II} = 0, \quad N_\mathrm{III} = 0,$$

so werden diese Widersprüche automatisch eliminiert, ohne daß wir nötig hätten, etwa die Spannungswerte durch Beifügung der Spannung der Mittelfläche zu ergänzen. Wir halten es für nötig, hierauf besonders aufmerksam zu machen, da diese Betrachtung gerade den Sinn und Vorteil des Variationsverfahrens in helles Licht rückt.

Wir geben jetzt die vollständigen Ausdrücke für die Spannungen:

$$\sigma_\vartheta = \sigma_\vartheta^0 + (E'/a)(1 - 1/\varrho)(\partial_\vartheta \Delta v_0 + \partial_\vartheta^3 \Delta v_0) + \\ + (E'/m)(1/l)(\partial_\zeta \Delta w_0 + \lambda(\varrho - 1)\partial_\vartheta \partial_\zeta^2 \Delta v_0)$$

$$\sigma_\zeta = (E'/l)(\partial_\zeta \Delta w_0 + \lambda(\varrho - 1)\partial_\vartheta \partial_\zeta^2 \Delta v_0) + \\ + (E'/a)(1/m)(1 - 1/\varrho)(\partial_\vartheta \Delta v_0 + \partial_\vartheta^3 \Delta v_0)$$

$$\tau = \left(\frac{E}{2}\frac{(m-1)}{n}\frac{1}{a}\right)\left(\frac{1}{\varrho}\partial_\vartheta \Delta w_0 + \lambda \varrho \partial_\zeta \Delta v_0 + \lambda\left(\varrho - \frac{1}{\varrho}\right)\partial_\vartheta^2 \partial_\zeta \Delta v_0\right)$$

$$T_\zeta = (E' \varepsilon^3/12)\left[\partial_\vartheta^2 \Delta v_0 + \partial_\vartheta^4 \Delta v_0 + \lambda^2 \partial_\vartheta^2 \partial_\zeta \Delta v_0 + ((m-1)/m)\lambda^2 \partial_\zeta^2 \Delta v_0\right]$$

$$T_\vartheta = (E' \varepsilon^3/12)\left[-((m-1)/(2m))\partial_\vartheta^2 \Delta w_0 + \lambda^2 \partial_\zeta^2 \Delta w_0 + \lambda^3 \partial_\vartheta \partial_\zeta^3 \Delta v_0 + \\ + ((m+1)/(2m))\lambda \partial_\vartheta \partial_\zeta \Delta v_0 + \lambda \partial_\vartheta^3 \partial_\zeta \Delta v_0\right]$$

Wenden wir dieses System mit der unbekannten Funktion σ_ϑ^0 an, dann wird auch $N_{\mathrm{I}} = 0$ erfüllbar. Diese Forderung ergibt sich aus der bisher nicht benutzten Bedingung

$$[\int N_{\mathrm{I}}\, \delta \Delta v_0\, d\zeta]_{\vartheta_1}^{\vartheta_2} = 0.$$

Dieses Integral kann nämlich gar nicht verschwinden, wenn nicht

$$N_{\mathrm{I}} = 0$$

wird. Außerdem kann die Mittelfaser nur dann ungedehnt bleiben, wenn sie spannungslos ist; dem entspricht aber $\varrho = 1$, und wir erhalten:

$$\sigma_\vartheta = 0 = \sigma_\vartheta^0 + (E'/a)(\lambda/m)\partial_\zeta \Delta w_0$$

Setzen wir dieses Ergebnis in die Gleichung $N_{\mathrm{I}} = 0$ ein, die wir in der Form (16a) S. 53 mit den Werten und Bezeichnungen von S. 56 verwenden, so erhalten wir

$$-a\varepsilon \cdot \sigma_\vartheta^0 = (E' \varepsilon^3/12)\left[\partial_\vartheta \Delta v_0 + 2\partial_\vartheta^3 \Delta v_0 + \partial_\vartheta^5 \Delta v_0 + 2\lambda^2 \partial_\vartheta^3 \partial_\zeta^2 \Delta v_0 + \\ + \lambda^4 \partial_\vartheta \partial_\zeta^4 \Delta v_0 + ((3m-1)/(2m))\lambda^2 \partial_\vartheta \partial_\zeta^2 \Delta v_0 - \\ - \lambda((m-1)/(2m))\partial_\vartheta^2 \partial_\zeta \Delta w_0 + \lambda^3 \partial_\zeta^3 \Delta w_0\right] + pa + X_\alpha \varepsilon a^2.$$

Wenn wir σ_ϑ^0 nach dieser Gleichung einführen, sind die 3 Gleichgewichtsbedingungen befriedigt. Die Δv_0, Δw_0 folgen dann aus dem System:

$$\text{(I)}\quad (E' \varepsilon^3/12)\left[\partial_\vartheta^6 \Delta v_0 + 2\partial_\vartheta^4 \Delta v_0 + \partial_\vartheta^2 \Delta v_0 + 2\lambda^2 \partial_\vartheta^4 \partial_\zeta^2 \Delta v_0 + \lambda^4 \partial_\vartheta^2 \partial_\zeta^4 \Delta v_0 + \\ + ((3m-1)/m))\lambda^2 \partial_\vartheta^2 \partial_\zeta^2 \Delta v_0 + (3(m-1)/(2m))\lambda^2 \partial_\zeta^2 \Delta v_0 - \\ - ((m-1)/(2m))\lambda \partial_\vartheta^3 \partial_\zeta \Delta w_0 + \lambda^3 \partial_\vartheta \partial_\zeta^3 \Delta w_0\right] + \\ + E' \varepsilon((m-1)/(2m))(\lambda \partial_\vartheta \partial_\zeta \Delta w_0 + \lambda^2 \partial_\zeta^2 \Delta v_0) + \varepsilon a^2 \partial_\vartheta X_\alpha + \\ + a\partial_\vartheta p + X_\beta \varepsilon a^2 = R_{\mathrm{I}} = 0$$

$$\text{(II)}\quad \frac{E' \varepsilon^3}{12}\left(\frac{m-1}{2m}\partial_\vartheta^2 \Delta w_0 - \frac{m-1}{2m}\lambda \partial_\vartheta^3 \partial_\zeta \Delta v_0 + \lambda^3 \partial_\vartheta \partial_\zeta^3 \Delta v_0\right) + \\ + E' \varepsilon\left(\lambda^2 \partial_\zeta^2 \Delta w_0 + \frac{m-1}{2m}\lambda \partial_\vartheta \partial_\zeta \Delta v_0 + \frac{m-1}{2m}\partial_\vartheta^2 \Delta w_0\right) + X_\gamma \varepsilon a^2 = R_{\mathrm{II}} = 0.$$

γ) Der Übergang zu gewöhnlichen Differentialgleichungen

Der Übergang zu gewöhnlichen Differentialgleichungen liegt bei einem Zylinder sehr nahe, denn man kann ohne weiteres annehmen, daß alle vorkommenden Funktionen sich nach cos- oder sin-Reihen entwickeln lassen, z. B.:

$$\Delta v_0 = \Sigma \psi_n \sin (n \vartheta), \quad \Delta w_0 = \Sigma \Phi_n \cos (n \vartheta)$$

Die Größen ψ_n sind dabei Funktionen von ζ und die Φ_n von ϑ.
Wir wollen annehmen, ein langer Zylinder sei auf Biegung zu untersuchen. Ein Mittel, geeignete Ansätze zu den Verformungen zu finden, ist eine allgemeine Betrachtung und Abschätzung der zu erwartenden Wirkungen. Der Zylinder sei an seinen Enden ζ_1 und ζ_2 gelagert und seine Oberfläche sei im übrigen unbelastet. In diesem System können offenbar, von den Lagerstellen abgesehen, Normalspannungen erster Größenordnung in der ϑ-Richtung nirgends auftreten, zumal die ϑ-Koordinate in sich zurückläuft, also Kräfte aus ϑ-Normalspannungen gewissermaßen paarweise an verschiedenen Stellen und in entgegengesetzter Richtung auftreten müssen; das aber ist wegen der Krümmung der ϑ-Koordinate und außerdem wegen der angenommenen Kleinheit von ε nur beschränkt möglich. Damit ist auf die bereits benutzte Beziehung
$\Delta u_0 = -\partial_\vartheta \Delta v_0$ hingewiesen und weiter auch auf das Verschwinden des Teiles von R_{I} mit dem Faktor ε, denn dieser Teil entspricht etwaigen ϑ-Normalspannungen. Die erforderlichen Anhaltspunkte sind gewonnen. Wir setzen statt der Reihe für Δv_0 nur ein Glied

$$\Delta v_0 = \psi \sin \vartheta.$$

Mit $\Delta u_0 = -\partial_\vartheta \Delta v_0$ ergibt sich daraus:

$$\Delta u_0 = -\psi \cos \vartheta$$

und aus $\partial_\vartheta \Delta w_0 + \lambda \partial_\zeta \Delta v_0 = 0$, aus R_{I}:

$$\Delta w_0 = \lambda \cos \vartheta \, \partial_\zeta \psi.$$

Wir wollen dieses lehrreiche Beispiel durchrechnen, obgleich es etwas trivial ist.

$$\iint (R_{\mathrm{I}} \delta \Delta v_0 + R_{\mathrm{II}} \delta \Delta w_0) \, d\vartheta \, d\zeta = 0;$$

$$\iint (R_{\mathrm{I}} \sin \vartheta \, \delta\psi + R_{\mathrm{II}} \lambda \cos \vartheta \, \partial_\zeta \delta\psi) \, d\vartheta \, d\zeta = 0$$

und die partielle Integration zwischen den Grenzen ζ_1 und ζ_2 ergibt:

$$\left[\lambda \delta\psi \int R_{\mathrm{II}} \cos \vartheta \, d\vartheta\right]_{\zeta_1}^{\zeta_2} + \iint (R_{\mathrm{I}} \sin \vartheta - \lambda \cos \vartheta \, \partial_\zeta R_{\mathrm{II}}) \, \delta\psi \, d\vartheta \, d\zeta = 0,$$

woraus folgt:

$$\int (R_{\mathrm{I}} \sin \vartheta - \lambda \cos \vartheta \, \partial_\zeta R_{\mathrm{II}}) \, d\vartheta = 0.$$

An den Zylinderenden muß nämlich sein entweder:
$\psi = 0$ (z. B. feste Einspannung beiderseits) oder
$\int R_{\mathrm{II}} \cos \vartheta \, d\vartheta = 0$ (z. B. feste Einspannung einseitig und σ_ζ-freie Lagerung am andern Ende). Setzen wir p und die Massenkräfte in R_{I} und R_{II} Null, so wird:

$$\int_0^{2\pi} R_{\mathrm{I}} \sin\vartheta \, d\vartheta = -\frac{E\,\varepsilon^3}{12}\, 2\pi\lambda^4 \psi^{\mathrm{IV}};$$

$$\int_0^{2\pi} \lambda \cos\vartheta\, \partial_\zeta R_{\mathrm{II}}\, d\vartheta = E\,\varepsilon\pi\lambda^4\left(\frac{\varepsilon^2}{12}+1\right)\psi^{\mathrm{IV}} \approx E\,\varepsilon\pi\lambda^4\psi^{\mathrm{IV}}.$$

Es wird also $\psi^{\mathrm{IV}} = 0$ wie beim einfachen Balken.

Bei Verwendung höherer Vielfacher der Winkel erhält man natürlich höhere Genauigkeit.

b) Die Ringflächenschale

Wir haben das Beispiel des Zylinders nur gebracht, damit der Leser unsere Ableitung mit der Ableitung nach der klassischen Theorie vergleichen könne. Wir wenden uns nun einem interessanteren Problem zu, der Ringflächenschale.

Auch die Ringflächenschale ist bereits behandelt[1]).

Wir legen zunächst das Koordinatensystem fest.

Das Bogenelement hat hier die Form

$$ds^2 = dr^2 + r^2 + d\vartheta^2 + (R + r\cos\vartheta)^2\, d\varphi^2$$

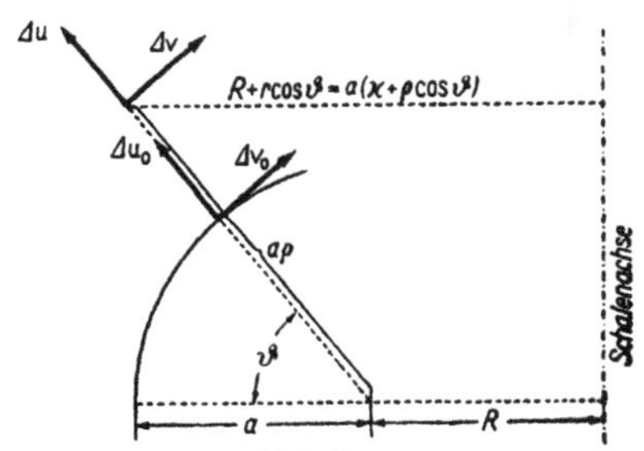

Bild 11.

oder

$$ds^2 = a^2\left[d\varrho^2 + \varrho^2\, d\vartheta^2 + (\varkappa + \varrho\cos\vartheta)^2\, d\varphi^2\right]$$

Damit werden die das krummlinige System bestimmenden Größen:

$$h_1 = 1/a; \quad 1/h_1 = a; \quad h_1^0 = 1/a; \quad 1/h_1^0 = a;$$
$$h_2 = 1/(a\,\varrho); \quad 1/h_2 = a\,\varrho; \quad h_2^0 = 1/a; \quad 1/h_2^0 = a;$$
$$h_3 = 1/(a\,(\varkappa + \varrho\cos\vartheta)); \quad h_3^0 = 1/(a\,(\varkappa + \cos\vartheta));$$
$$1/h_3 = a\,(\varkappa + \varrho\cos\vartheta); \quad 1/h_3^0 = a\,(\varkappa + \cos\vartheta).$$

Nach den Gleichungen (9) erhalten wir

$$aA = \partial_\vartheta \Delta w_0 + (1/(\varkappa + \cos\vartheta))\, \partial_\varphi \Delta v_0 + \Delta w_0 \sin\vartheta/(\varkappa + \cos\vartheta)$$

$$aB = \frac{\varkappa}{\varkappa + \cos\vartheta}\partial_\vartheta \Delta w_0 + \Delta w_0 \frac{\varkappa\sin\vartheta}{(\varkappa + \cos\vartheta)^2} - \frac{\varkappa}{(\varkappa + \cos\vartheta)^2}\partial_\varphi \Delta v_0 +$$
$$+ \frac{2}{\varkappa + \cos\vartheta}\partial_\vartheta\partial_\varphi \Delta u_0 + \frac{2\sin\vartheta}{(\varkappa + \cos\vartheta)^2}\partial_\varphi \Delta u_0$$

$$aC = \frac{\varkappa}{\varkappa + \cos\vartheta}\partial_\vartheta \Delta w_0 + \frac{\varkappa\sin\vartheta}{(\varkappa + \cos\vartheta)^2}\Delta w_0 -$$
$$- \frac{\varkappa\cos\vartheta}{(\varkappa + \cos\vartheta)^3}\partial_\varphi \Delta v_0 + \frac{\varkappa + 2\cos\vartheta}{(\varkappa + \cos\vartheta)^2}\partial_\vartheta\partial_\varphi \Delta u_0 +$$
$$+ \frac{(\varkappa + 2\cos\vartheta)\sin\vartheta}{(\varkappa + \cos\vartheta)^3}\partial_\varphi \Delta u_0$$

1) H. Wissler, Dissertation Zürich 1916.

uns nach der Gleichung (10)

$$aL_\beta = \Delta u_0 + \partial_\vartheta \Delta v_0; \quad aM_\beta = -(\Delta u_0 + \partial_\vartheta^2 \Delta u_0); \quad aN_\beta = \Delta u_0 + \partial_\vartheta^2 \Delta u_0$$

$$aL_\gamma = (1/(\varkappa + \cos\vartheta))\,(\partial_\varphi \Delta w_0 + \Delta u_0 \cos\vartheta - \Delta v_0 \sin\vartheta)$$
$$= (1/\varkappa + \cos\vartheta))\,(\partial_\varphi \Delta w_0 + \Delta l)$$

$$aM_\gamma = -(1/(\varkappa + \cos\vartheta)^2)\,\partial_\varphi^2 \Delta u_0 - (\varkappa \sin\vartheta/(\varkappa + \cos\vartheta)^2)\,\Delta v_0 +$$
$$+ (\sin\vartheta/(\varkappa + \cos\vartheta))\,\partial_\vartheta \Delta u_0 - (\cos^2\vartheta/(\varkappa + \cos\vartheta)^2)\,\Delta u_0$$

$$aN_\gamma = +(\varkappa \sin\vartheta \cos\vartheta/(\varkappa + \cos\vartheta)^3)\,\Delta v_0 + (\cos^3\vartheta/(\varkappa + \cos\vartheta)^3)\,\Delta u_0 +$$
$$+ (\cos\vartheta/(\varkappa + \cos\vartheta)^3)\,\partial_\varphi^2 \Delta u_0 - (\sin\vartheta \cos\vartheta/(\varkappa + \cos\vartheta)^2)\,\partial_\vartheta \Delta u_0.$$

Diese Formeln gelten allgemein für jede Ringschale. Einsetzen in die Gleichungen (18), Abschn. II D 2 liefert die Differentialgleichungen für die unbekannten Funktionen Δu_0, Δv_0 und Δw_0. Diese Gleichungen werden leider so umständlich, daß sie zum anschaulichen Verständnis wenig beitragen. Wir führen deshalb Vereinfachungen ein. Zunächst setzen wir $m = \infty$. Der Fehler, den wir hierdurch begehen, wird beträchtlich herabgemindert, wenn wir an Stelle von E den reduzierten Modul $E' = Em^2/(m^2 - 1)$ einführen. Wir erhalten dann nämlich:

$$A_\beta = L_\beta; \quad A_\gamma = L_\gamma; \quad B_\beta = M_\beta; \quad B_\gamma = M_\gamma; \quad C_\beta = N_\beta; \quad C_\gamma = N_\gamma$$

und es ergibt sich

$$N_{\mathrm{I}} = (E' \varepsilon^3 a^2/12)\,\big[\partial_\vartheta^2 (L_\beta \cos\vartheta) +$$
$$+ (\varkappa + \cos\vartheta)\,\partial_\vartheta^2 M_\beta - 2 \sin\partial_\vartheta \partial_\vartheta M_\beta - 2 M_\beta \cos\vartheta +$$
$$+ \frac{\varkappa + 2\cos\vartheta}{2(\varkappa + \cos\vartheta)}\partial_\varphi \partial_\vartheta A - \partial_\varphi \partial_\vartheta B + \frac{1}{\varkappa + \cos\vartheta}\partial_\varphi^2 (L_\gamma + M_\gamma) +$$
$$+ (\sin\vartheta/(\varkappa + \cos\vartheta))\,\partial_\varphi (B - A) + \sin\vartheta\,\partial_\vartheta (L_\gamma + M_\gamma) +$$
$$+ (L_\gamma - N_\gamma)\cos\vartheta - N_\beta (\varkappa + \cos\vartheta)\big] -$$
$$- E' \varepsilon a^2 (L_\beta (\varkappa + \cos\vartheta) + L_\gamma \cos\vartheta) +$$
$$+ p\,a^2 (\varkappa + \cos\vartheta) + X_\alpha \varepsilon a^3 (\varkappa + \cos\vartheta).$$

$$N_{\mathrm{II}} = (E' \varepsilon^3 a^2/12)\,\big[\cos\vartheta\,\partial_\vartheta L_\beta - L_\beta \sin\vartheta + \varkappa \partial_\vartheta M_\beta + 2\cos\vartheta\,\partial_\vartheta M_\beta -$$
$$- 2 M_\beta \sin\vartheta + (\varkappa + \cos\vartheta)\,\partial_\vartheta N_\beta + N_\beta (-\sin\vartheta) +$$
$$+ L_\gamma \sin\vartheta + 2 M_\gamma \sin\vartheta + N_\gamma \sin\vartheta +$$
$$+ (1/2)\,(\partial_\varphi A - 2\partial_\varphi B + \partial_\varphi C)\big] +$$
$$+ E' \varepsilon a^2 ((\varkappa + \cos\vartheta)\,\partial_\vartheta L_\beta - L_\beta \sin\vartheta + L_\gamma \sin\vartheta + (1/2)\,\vartheta_\varphi A) +$$
$$+ X_\beta \varepsilon a^3 (\varkappa + \cos\vartheta)$$

$$N_{\mathrm{III}} = \frac{E' \varepsilon^3 a^2}{12}\left[\frac{\cos\vartheta}{\varkappa + \cos\vartheta}\partial_\varphi L_\gamma + \frac{\varkappa + 2\cos\vartheta}{\varkappa + \cos\vartheta}\partial_\varphi M_\gamma + \partial_\varphi N_\gamma +\right.$$
$$+ \frac{\cos^2\vartheta}{2(\varkappa + \cos\vartheta)}\partial_\vartheta A - A\frac{\cos\vartheta \sin\vartheta}{\varkappa + \cos\vartheta} - \cos\vartheta\,\partial_\vartheta B +$$
$$\left. + B\frac{(\varkappa + 2\cos\vartheta)\sin\vartheta}{\varkappa + \cos\vartheta} + \frac{\varkappa + \cos\vartheta}{2}\cdot\partial_\vartheta C - C\sin\vartheta\right] +$$
$$+ E' \varepsilon a^2 \big[\partial_\varphi L_\gamma + ((\varkappa + \cos\vartheta)/2)\,\partial_\vartheta A - A \sin\vartheta\big] +$$
$$+ X_\gamma \varepsilon a^3 (\varkappa + \cos\vartheta).$$

Als weitere Vereinfachung sei $\varkappa \gg 1$ angenommen. Außerdem soll es sich, wie schon angedeutet, um dünnwandige Schalen handeln, so daß $\varepsilon^3 \ll \varepsilon$. Demgemäß werden in den Ausdrücken N_{I}, N_{II} und N_{III} die mit dem Faktor ε^3 vorkommenden Glieder ohne $\varkappa$ aus zwei Gründen gegen die Glieder mit dem Faktor ε und mit $\varkappa$ zurücktreten; sie werden infolgedessen besonders geringen Einfluß haben, und wir wollen sie vernachlässigen: Damit vereinfachen sich die Ausdrücke N_{I}, N_{II} und N_{III} abermals erheblich:

$$\begin{aligned} N_{\mathrm{I}} = {} & (E' \varepsilon^3 a^2 \varkappa/12)(\partial_\vartheta^2 M_\beta - N_\beta) - \\ & - E' \varepsilon a^2 (L_\beta (\varkappa + \cos\vartheta) + L_\gamma \cos\vartheta) + \\ & + p a^2 (\varkappa + \cos\vartheta) + X_\alpha \varepsilon a^3 (\varkappa + \cos\vartheta) \\ N_{\mathrm{II}} = {} & (E' \varepsilon^3 a^2 \varkappa/12)(\partial_\vartheta M_\beta + \partial_\vartheta N_\beta) + \\ & + E' \varepsilon a^2 ((\varkappa + \cos\vartheta)\partial_\vartheta L_\beta - L_\beta \sin\vartheta + L_\gamma \sin\vartheta + (1/2)\partial_\varphi A) + \\ & + X_\beta \varepsilon a^3 (\varkappa + \cos\vartheta). \\ N_{\mathrm{III}} = {} & E' \varepsilon a^2 \left[\partial_\varphi L_\gamma + ((\varkappa + \cos\vartheta)/2)\partial_\vartheta A - A \sin\vartheta\right] + \\ & + X_\gamma \varepsilon a^3 (\varkappa + \cos\vartheta). \end{aligned}$$

Nach Einsetzen der Verschiebungen, jedoch Belassen von L_β und A in den Gliedern mit ε ergibt sich:

$$\begin{aligned} N_{\mathrm{I}} = {} & (E' \varepsilon^3 a \varkappa/12)(-\Delta u_0 - 2\partial_\vartheta^2 \Delta u_0 - \partial_\vartheta^4 \Delta u_0) - \\ & - E' \varepsilon a (a L_\beta (\varkappa + \cos\vartheta) + (\Delta l + \partial_\varphi \partial w_0) \cos\vartheta/(\varkappa + \cos\vartheta)) + \\ & + p a^2 (\varkappa + \cos\vartheta) + \varepsilon a^3 X_\alpha (\varkappa + \cos\vartheta). \\ N_{\mathrm{II}} = {} & E' \varepsilon a (a (\varkappa + \cos\vartheta)\partial_\vartheta L_\beta - a L_\beta \sin\vartheta + \\ & + (\Delta l + \partial_\varphi \Delta w_0) \sin\vartheta/(\varkappa + \cos\vartheta) + (a/2)\partial_\varphi A) + \\ & + \varepsilon a^3 X_\beta (\varkappa + \cos\vartheta). \\ N_{\mathrm{III}} = {} & E' \varepsilon a^2 \left[(\partial_\varphi \Delta l + \partial_\varphi^2 \Delta w_0)/(\varkappa + \cos\vartheta) + ((\varkappa + \cos\vartheta/2)\partial_\vartheta A - A \sin\vartheta\right] + \\ & + \varepsilon a^3 X_\gamma (\varkappa + \cos\vartheta). \end{aligned}$$

Zur abermaligen Vereinfachung sei angenommen:
$X_\gamma = 0$; X_α und X_β unabhängig von φ. Nun kommen keine von φ abhängigen gegebenen Funktionen mehr vor. Das weist auf Lösungen hin, die ebenfalls von φ unabhängig sind; für sie verschwinden also sämtliche Ableitungen nach φ, und Δw_0 wird eine Konstante hinsichtlich φ.
Diese Einschränkungen zusammen mit $N_{\mathrm{III}} = 0$ ergeben:

$$E' \varepsilon a A \sin\vartheta = 0, \text{ also } A = 0 \text{ oder } \Delta w_0 = 0.$$

Die Glieder in N_{II} mit L_β und $\partial_\vartheta L_\beta$ stellen die negative Ableitung des L_β-Gliedes in N_{I} dar. Man bekommt also aus
$\partial_\vartheta N_{\mathrm{I}} + N_{\mathrm{II}} = 0$ eine Beziehung, in der Faktor ε nur mehr an Gliedern mit Δl und $\partial_\vartheta \Delta l$ auftritt:

$$(E'\,\varepsilon^3\,a\,\varkappa/12)\,(-\Delta' u_0 - 2\,\Delta''' u_0 - \Delta^{\mathrm{V}} u_0) =$$
$$= E\,\varepsilon^3\,a\left(\cos\vartheta\,\partial_\vartheta \frac{\Delta l}{\varkappa+\cos\vartheta} - 2\sin\vartheta\,\frac{\Delta l}{\varkappa+\cos\vartheta}\right) + a^2 p \sin\vartheta - a^2(\varkappa+\cos\vartheta)\,\partial_\vartheta\, p -$$
$$-\,\varepsilon\,a^3\,((\partial_\vartheta X_\alpha + X_\beta)\,(\varkappa + \cos\vartheta) - X_\alpha \sin\vartheta).$$

Mit dem Faktor ε treten jetzt nur noch Glieder auf, bei denen das als groß gegen 1 angenommene $\varkappa$ im Nenner wirkt, während es bei den Gliedern mit ε^3 im Zähler erscheint. Damit ist klar geworden, weshalb die Glieder mit ε^3 nicht allgemein vernachlässigt werden durften. Die Größenordnung der beiden Gruppen mit ε und ε^3 kann sich nämlich durch das $\varkappa$ ausgleichen.

Nachdem nur Glieder mit dem Faktor ε verblieben sind, die $\varkappa$ im Nenner haben, können wir folgerichtig den bei $\varkappa$ stehenden Summenden $\cos\vartheta$ dort mit derselben Berechtigung vernachlässigen, mit der vordem schon die entsprechenden Summanden und Glieder mit dem Faktor ε^3 vernachlässigt worden sind. Außerdem wollen wir beim Zylinder annehmen: $\Delta e_\vartheta = 0$, also $\Delta u_0 = -\partial_\vartheta \Delta v_0$, ferner $p = 0$; $X_\alpha = 0$ und $X_\beta = 0$.

Wir erhalten mit diesen neuerlichen Vereinfachungen auf der rechten Seite

$$\cos\vartheta\,\partial_\vartheta \Delta l - 2\sin\vartheta\,\Delta l, \text{ also } (\varepsilon^2\,\varkappa^2/6)\,(\Delta'' v_0 + 2\,\Delta^{\mathrm{IV}} v_0 + \Delta^{\mathrm{VI}} v_0) =$$
$$= \Delta v_0 - \Delta'' v_0 + 2\,\Delta' v_0 \sin 2\,\vartheta - (3\,\Delta v_0 + \Delta'' v_0)\cos 2\,\vartheta.$$

Es ist allerdings zu beachten, daß dieses Ergebnis nicht mehr alle Bedingungen enthält und deshalb neben den tatsächlichen Lösungen auch noch fremde Funktionen für Δv_0 liefern kann, die keine Lösungen sind.

Das Ergebnis läßt sich hier noch auf kürzerem Weg finden: Die Einschränkung $\Delta u_0 = -\partial \Delta v_0$ führt zu $L_\beta = 0$ und mit der bereits gemachten Annahme $X_\beta = 0$ in $N_{\mathrm{II}} = 0$ zu $\Delta l = 0$;

aus

$$-\Delta l = \Delta' v_0 \cos\vartheta + \Delta v_0 \sin\vartheta = 0$$

erhält man die Lösung

$$\Delta v_0 = c \cdot \cos\vartheta \quad (c \text{ Integrationskonstante}).$$

Der Einsatz dieser Lösung in $N_{\mathrm{I}} = 0$ ergibt die Bedingung $p = X_\alpha h$.

Die Massenkräfte müssen also den Innendruck unmittelbar kompensieren, oder, was das gleiche bedeutet, die geschlitzte Schale ohne Normalspannungen an den Rändern kann einen wesentlichen Innendruck nicht aufnehmen, ebensowenig, wie der geschlitzte Zylinder. Man erkennt das leicht auch unmittelbar. Es gilt aber nur, solange $\cos\vartheta$ gegen $\varkappa$ vernachlässigbar ist.

Bei der großen praktischen Bedeutung dieser Aufgabe wollen wir nicht unterlassen, auch eine direkte Ableitung zu geben. Statt ϑ steht im folgenden φ und statt bisher φ steht jetzt t. Wir schneiden durch Meridianflächen, also Flächen durch die Schalenachse ein Stück von der Breite der Einheit in der φ-Richtung und der gleichen Breite auch in der t-Richtung heraus und betrachten dieses Stück dann als Balken, der durch die im Schnitt wirkenden Ringkräfte, die eine

Resultierende in radialer, also φ-Richtung ergeben, sozusagen elastisch gestützt ist. Bezeichnen wir die in der t-Richtung wirkende Ringkraftresultierende mit Z_t, so wird

$$Z_t = -\frac{E' h}{R + a \cos\varphi} (\Delta v_0 \sin\varphi - \Delta u_0 \cos\varphi).$$

R ist wieder der große Radius, a der kleine und h die Schalendicke. Wir führen noch die Flächenlasten p (horizontal; vordem war p dagegen der Druck) und g (vertikal) ein, bezeichnen die Normalspannung in der φ-Richtung mit σ_φ^0 und die Scherkraft in Richtung des kleinen Radius mit T. Das Gleichgewicht in Richtung der Tangente durch oder parallel zur Schalenachse ergibt

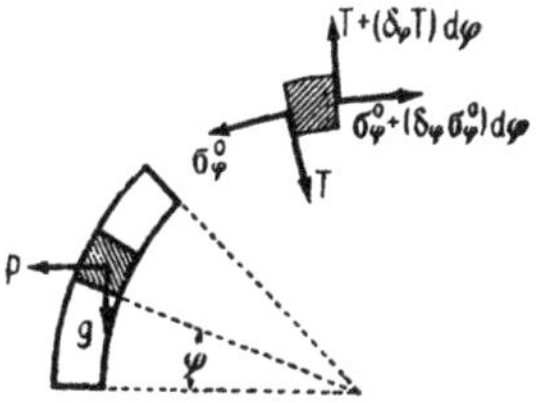

Bild 12.

$$\text{(I)} \qquad \partial_\varphi \sigma_\varphi^0 = -\frac{Z_t + \sin\varphi}{h(\varkappa + \cos\varphi)} + \sigma_\varphi^0 \frac{\sin\varphi}{\varkappa + \cos\varphi} - \frac{T}{h} + \frac{a}{h}(p \sin\varphi + g \cos\varphi).$$

Das Gleichgewicht in Richtung des kleinen Radius a ergibt

$$\text{(II)} \qquad \frac{1}{a} \partial_\varphi T = \frac{Z_t \cos\varphi}{a(\varkappa + \cos\varphi)} + T \frac{\sin\varphi}{a(\varkappa + \cos\varphi)} + \sigma_\varphi^0 \frac{h}{a} - p \cos\varphi + g \sin\varphi.$$

Scherkraft T ist zunächst auf die Biegeverformung über das Biegemoment zurückzuführen. Es ergibt sich unter Vernachlässigung der Glieder mit $\varkappa$ im Nenner

$$T = -(E' \varepsilon^3/12)(\Delta' u_0 + \Delta''' u_0)$$
$$\partial_\varphi T = -(E' \varepsilon^3/12)(\Delta'' u_0 + \Delta^{IV} u_0).$$

Nun läßt sich die Normalspannung σ_φ^0 eliminieren:

$$\text{(I)}\ (\varkappa + \cos\varphi) - \text{(II)}\ (a/h) \sin\varphi + (a/h)(\varkappa + \cos\varphi)\, \partial_\varphi\, \text{(II)}.$$

Werden die Glieder mit ε als Faktor und mit $\varkappa$ im Nenner, die sich dabei aus T und seinen Ableitungen ergeben, gegen die Glieder ohne $\varkappa$ abermals vernachlässigt, so wird

$$(E' \varepsilon^3 \varkappa/12)(-\Delta' u_0 - 2\Delta''' u_0 - \Delta^{IV} u_0) = \cos\varphi\, \partial_\varphi Z_t - 2 \sin\varphi\, Z_t -$$
$$- a(\cos\varphi\, \partial_\varphi p - \sin\varphi\, \partial_\varphi g - 2p \sin\varphi - 2g \cos\varphi)(\varkappa + \cos\varphi) +$$
$$+ a(g \sin\varphi - p \cos\varphi) \sin\varphi.$$

Dieses Ergebnis werde nun mit dem vorhergehenden aus N_{I} und N_{II} verglichen, wobei in diesem ersten Ergebnis der dort mit p bezeichnete Druck Null gesetzt sei, und p jetzt nur die horizontale Flächenlast nach dem zweiten Ergebnis bedeuten möge. Gemäß Definition gilt

$$\varepsilon a X_\alpha = h X_\alpha = p \cos\varphi - g \sin\varphi \text{ und}$$
$$h X_\beta = -p \sin\varphi - g \cos\varphi, \text{ ferner}$$
$$E' \varepsilon a \Delta l/(\varkappa + \cos\varphi) = Z_t/a.$$

Unter Berücksichtigung dieser Beziehungen findet man volle Übereinstimmung mit dem Ergebnis aus N_{I} und N_{II}.

Die Annahme unveränderlichen Eigengewichtes g je Oberflächeneinheit und die Annahme, daß p und g so klein sein möge, daß nur die Glieder mit $\varkappa$ als Faktor wirksam werden, führt schließlich zu

$$(E'\,\varepsilon^3\,\varkappa/12)\,(\Delta' u_0 + 2\,\Delta''' u_0 + \Delta^{\mathrm{IV}} u_0) = 2\,Z_t \sin\varphi - \cos\varphi\,\partial_\varphi Z_t + \\ + a\,\varkappa\,(\cos\varphi\,\partial_\varphi p - 2\,p\sin\varphi - 2\,g\cos\varphi).$$

Das zweite unmittelbare Verfahren läßt den mechanischen Sinn des Ergebnisses klarer erkennen, erfordert aber mehr Aufmerksamkeit beim Ansatz, weil leichter etwas übersehen wird, als bei dem mathematisch einheitlicheren und konsequenteren ersten Verfahren. Die linke Seite ist die Differentialgleichung eines kreisförmigen Ringes ohne Last. Auf der rechten Seite können wir dem g die Bedeutung des Eigengewichtes geben. Die Größe p hat die Bedeutung einer veränderlichen horizontalen Last, und wir sehen, daß Z_t denselben Charakter hat.

Die Lösung ist in der Schreibweise schon angedeutet. Man setzt Z_t als trigonometrische Reihe mit vorläufig unbekannten Beiwerten an und addiert die partikuläre Lösung, die sich für diese Reihe ergibt, zur Lösung der homogenen Gleichung mit konstanten Koeffizienten. Durch diese einfache Lösungsmöglichkeit gewinnt die Kreisringschale eine große praktische Bedeutung; im Behälter- und Kesselbau spielt diese Form eine Rolle. Hat man die Gleichung einmal integriert, so kann man aus Z_t und Δu_0 die Beziehung zu Δv_0 aufstellen und nun zur Bestimmung der Beiwerte von Z_t übergehen, denn diese Beiwerte waren ja willkürlich angenommen. Man kann etwa $N_{\mathrm{II}} = 0$ benutzen, wenn nicht irgendwelche noch einfachere Beziehungen aus der jeweiligen Aufgabe zur Verfügung stehen. Wir geben die allgemeine Lösung für $p = 0$. Das Integral der mit $12/(E'\,\varepsilon^3\,\varkappa)$ multiplizierten rechten Seite sei

$$f(\varphi) = \frac{12}{E\,\varepsilon^3\,\varkappa}\left(\int^{\varphi} Z_t \sin\varphi\,d\varphi - Z_t\cos\varphi\right) - \frac{24\,a}{E\,\varepsilon^3}\,g\sin\varphi$$

und es sei

$$Z_t = -\frac{E'\,h}{\varkappa}\,C_0\,(B_0 + \Sigma\,B_n\cos(n\,\varphi) + \Sigma\,D_n\sin(n\,\varphi)).$$

Der in Z_t stehende Faktor $1/(R + a\cos\varphi)$ ist also durch $\varkappa$ dividiert in die Reihe mit einbezogen.

Die allgemeine Lösung der Differentialgleichung lautet dann

$$\Delta u_0 = \sin\varphi\int(\sin\varphi\int f(\varphi)\cos\varphi\,d\varphi - \cos\varphi\int f(\varphi)\sin\varphi\,d\varphi)\cos\varphi\,d\varphi - \\ - \cos\varphi\int(\sin\varphi\int f(\varphi)\cos\varphi\,d\varphi - \cos\varphi\int f(\varphi)\sin\varphi\,d\varphi)\sin\varphi\,d\varphi + \\ + \mu_1\sin\varphi + \mu_2\cos\varphi + \nu_1\,\varphi\sin\varphi + \nu_2\,\varphi\cos\varphi.$$

Hieraus wird

$$\frac{\Delta u_0}{\alpha} = \frac{3}{E' \varepsilon^3} g \varphi^2 \sin\varphi +$$
$$+ \lambda + \mu_1 \sin\varphi + \mu_2 \cos\varphi + \nu_1 \varphi \sin\varphi + \nu_2 \varphi \cos\varphi +$$
$$+ \frac{C_0}{\varepsilon^2 \varkappa^2} (-3 B_0 \varphi^2 \cos\varphi + 3 B_1 - 3 D_1 \varphi + B_1 \cos(2\varphi) + D_1 \sin(2\varphi)) +$$
$$+ \frac{C_0}{8 \varepsilon^2 \varkappa^2} (B_2 \cos(3\varphi) + D_2 \sin(3\varphi)) +$$
$$+ \frac{6 C_0}{\varepsilon^2 \varkappa^2} \sum_3^\infty \frac{B_n}{n^2} \left[\frac{\cos((n+1)\varphi)}{(n+1)(n+2)} + \frac{\cos((n-1)\varphi)}{(n-1)(n-2)} \right] +$$
$$+ \frac{6 C_0}{\varepsilon^2 \varkappa^2} \sum_3^\infty \frac{D_n}{n^2} \left[\frac{\sin((n+1)\varphi)}{(n+1)(n+2)} + \frac{\sin((n-1)\varphi)}{(n-1)(n-2)} \right].$$

Wir wollen der Formel einige Erläuterungen widmen. Das erste Glied rechts gibt die partikuläre Lösung für das Eigengewicht g auf die Oberflächeneinheit. Der Koeffizient C_0 kann gleich der Einheit gesetzt werden, läßt sich aber auch dazu verwenden, um die dimensionslosen Formgrößen des Problems, die in allen Reihenkoeffizienten auftreten würden, herauszuziehen.

Es ist möglich, eine große Anzahl praktisch wichtiger Randbedingungen auszuarbeiten, welche den Bauingenieur und den Maschineningenieur interessieren können. Es sei nur noch bemerkt, daß die vorstehenden Entwicklungen bei der Berechnung von Wellrohrkompensatoren und Dehnungslinsen für Rohrleitungen gute Dienste leisten können.

c) Bemerkungen zur Konstruktion äquidistanter Flächensysteme

Bisher bezogen sich alle unsere Anwendungen auf Schalen mit konstantem Radius der Meridiankrümmung. Wir müssen jetzt noch zeigen, wie man bei beliebigem Krümmungsradius äquidistante Flächenscharen erzeugen kann.

Wir nehmen an, daß sowohl der Radius der Meridiankurve r wie auch der Krümmungsradius R des dazu senkrechten Hauptschnittes veränderlich und Funktion des Neigungswinkels (zu der Ebene $\perp$ Rotationsachse) seien.

Es sei die dα-Richtung die Richtung der Flächennormale, die dβ-Richtung sei senkrecht dazu und die dγ-Richtung senkrecht zur Meridianebene.

Die Schalendicke sei h. Wir setzen $h \cdot h_1 = \varepsilon$. Das Bogenelement sei dann

$$ds^2 = d\alpha^2/h_1^2 + d\beta^2/h_2^2 + d\gamma^2/h_3^2$$
$$\text{(I)} \qquad ds^2 = (h^2/\varepsilon^2)\, d\alpha^2 + (r + h(\alpha - \alpha_0))^2\, d\beta^2 + (R + h(\alpha - \alpha_0))^2 \cos^2\beta\, d\gamma^2$$
$$1/h_1 = h/\varepsilon; \qquad h_1 = \varepsilon/h$$
$$1/h_2 = \mu\,(\alpha - \alpha_0) + 1/h_2^0; \quad h_2^0 = 1/r; \quad 1/h_2^0 = r$$
$$1/h_3 = \nu\,(\alpha - \alpha_0) + 1/h_3^0; \quad h_3^0 = 1/(R\cos\beta); \quad 1/h_3^0 = R\cos\beta$$
$$\partial_\alpha (1/h_2) = \mu = h; \qquad \partial_\alpha (1/h_3) = \nu = h\cos\beta.$$

Im rotationssymmetrischen Fall vereinfachen sich alle Formeln sehr. Die Verformungen werden:

$$\Delta u = \Delta u_0$$
$$\Delta v = \Delta_0 v + (\alpha - \alpha_0)\,(h/(r\,\varepsilon))\,(\varepsilon\,\Delta v_0 - \partial_\beta\,\Delta u_0)$$
$$\Delta w = 0; \quad \Delta w_\gamma = 0.$$

Die Fundamentalgrößen unserer Schalentheorie werden dann

$$A = B = C = 0$$

$$L_\beta = (1/r)\,(\varepsilon\,\Delta u_0 + \partial_\beta\,\Delta v_0)$$
$$M_\beta = (h/r)\,(\Delta v_\gamma - (1/\varepsilon)\,\partial_\beta\,\Delta u_0)\,\partial_\beta\,(1/r) - (h/r^2)\,(\varepsilon\,\Delta u_0 + (1/\varepsilon)\,\partial_\beta^2\,\Delta u_0)$$
$$N_\beta = -(h^2/r^2)\,(\Delta v_0 - (1/\varepsilon)\,\partial_\beta\,\Delta u_0)\,\partial_\beta\,(1/r) + (h^2/r^3)\,(\varepsilon\,\Delta u_0 + (1/\varepsilon)\,\partial_\beta^2\,\Delta u_0)$$
$$L_\gamma = (\varepsilon/R)\,\Delta u_0 - (1/r)\,\Delta v_0\,(\operatorname{tg}\beta - (1/R)\,\partial_\beta\,R)$$
$$M_\gamma = -\frac{h}{R^2}\,\varepsilon\,\Delta u_0 + \frac{h}{\varepsilon\,r^2}\left(\operatorname{tg}\beta - \frac{1}{R}\,\partial_\beta\,R\right)\partial_\beta\,\Delta u_0 - \frac{1}{R^2 r}\,\Delta v_0\,\partial_\beta\,R$$
$$N_\gamma = \frac{h^2}{R^3}\,\varepsilon\,\Delta u_0 + \frac{h^2}{s\,R\,r^2}\left(\left(\frac{1}{r} + \frac{1}{R}\right)\partial_\beta\,R - \frac{R}{r}\,\operatorname{tg}\beta\right)\partial_\beta\,\Delta u_0 +$$
$$+ (h^2/(R^3\,r))\,\Delta_0\,\partial_\beta\,R.$$

Mit diesen Werten und nach Nullsetzen aller Ableitungen nach γ lassen sich die Gleichungen (17a), (18a) und (18b) erheblich vereinfachen; die Gleichung (18c) ist identisch erfüllt.

Wir möchten bei dieser Gelegenheit darauf hinweisen, daß es meist unmöglich sein wird, die Differentialgleichungen (18) mit den üblichen Methoden zu integrieren. Trotzdem können die abgeleiteten Beziehungen dem Ingenieur dazu dienen, sich einen Überblick über die zu erwartenden Beanspruchungen zu verschaffen, wenn er sich dazu entschließt, nicht die Lasten, sondern umgekehrt die Verformungen willkürlich anzunehmen, und dann mittels der Gleichung (18) und der Randbedingungen die äußeren Kräfte zu ermitteln. In den Gleichungen (18) kommen die Volumenkräfte vor; bei angenommenen Verformungstypen ergeben sich natürlich entsprechende Volumenkräfte, welche mit den Randkräften das Gleichgewicht bewirken.

Wir haben mit Absicht alle Formeln gebracht, mit Hilfe derer der aufmerksame und interessierte Leser solche Untersuchungen ausführen kann. Eine Arbeit von wenigen Wochen genügt im allgemeinen, um sich über die maximalen Beanspruchungen eines Behälters Rechenschaft zu geben, wo die Integration der Gleichungen (18) eine Zeit beanspruchen würden, welche man in der Industrie einfach nicht aufwenden kann. Besonders die Zerlegung der Lasten in solche, welche Biegung verursachen, und solche, welche in der Tangentialebene der Schale liegen, bringt große Vorteile und eine rasche Übersicht über die zu erwartenden Beanspruchungen.

Nachbemerkung des Verlages zum Schrägbruchstrich und zum vereinfachten Differentialsymbol

Im mathematischen Schrifttum bürgert sich die Papier- und Setzkosten sparende Schreibweise mit dem schrägen Bruchstrich statt des waagrechten immer mehr ein. Das vom Verfasser angeratene vereinfachte Differentialsymbol ermöglicht den waagrechten Bruchstrich des Differentialquotienten sogar ohne Schrägbruchstrich einzusparen; es wird deshalb in dieser Schrift außer dem Schrägbruchstrich angewendet. Hierzu sei an folgendes erinnert:

Der waagrechte Bruchstrich, der einzelne Doppelpunkt und der schräge Bruchstrich sind gleichbedeutende Zeichen der Division. Es gilt also:

$$\frac{a}{b} = a : b = a/b.$$

Der waagrechte Bruchstrich kann längere Ausdrücke zusammenfassen; seine Länge zeigt seinen Wirkungsbereich an. Die andern beiden Zeichen hingegen können nur zwei benachbarte Zeichen in der Zeile verbinden, ebenso wie das Multiplikationszeichen. Der Schrägbruchstrich erfordert also die allgemeine Rangregel zu beachten:

Die jeweils höhere Rechnungsart ist zuerst auszuführen, solange weder Klammern, Sondervereinbarungen oder sonstige Hinweise Gegenteiliges vorschreiben.

Die Rangfolge der Rechnungsarten liegt nur teilweise fest. Die in dieser Schrift benutzte Folge sei deshalb ganz angegeben, und zwar Gleichrangiges in einer Zeile:

Addition und Subtraktion;
Multiplikation;
Division;
Potenzierung und Radizierung;
alle anderen Operationen.

Eine gebräuchliche Ausnahme: Klammern um ein Produkt können durch das Fortlassen des Multiplikationszeichens ersetzt werden, wenn vor dem Produkt ein Schrägbruchstrich steht (Festlegung AEF) und in gewissen oft vorkommenden Ausdrücken wie z. B. $\sin \omega t$ [$= \sin (\omega t)$] oder $\ln ab$ [$= \ln (ab)$]. Von diesen Ausnahmen wird in dieser Schrift kein Gebrauch gemacht, weil sie nicht immer eindeutig sind.

Der Schrägbruchstrich ist nur für den Druck gedacht. In der Gebrauchshandschrift wird man schon wegen der besseren Unterscheidbarkeit von „1“ immer den waagrechten benutzen.

Der Schrägbruchstrich ließe sich durch den Doppelpunkt ersetzen. Es ist aber üblich, den Doppelpunkt für bestimmte Rechnungsarten zu bevorzugen (korrespondierende Doppelpunkte bei der Verhältnisrechnung), und dieser Gebrauch soll nicht gestört werden.

Der Differentialquotient läßt sich eindeutig durch ein einziges Operationszeichen wiedergeben mit dem Differentiator als Index:

$$\mathrm{d}_x y = \frac{\mathrm{d}\, y}{\mathrm{d}\, x}; \qquad \partial_x \partial_y z = \frac{\partial^2 z}{\partial x\, \partial y}.$$

Die Formen in der neuen und in der alten Schreibweise seien einander in einigen Beispielen gegenübergestellt:

$$a + b/c + d = a + \frac{b}{c} + d; \qquad a/b \cdot c = \frac{a}{b}\, c;$$

a/bc und $a/b/c$ sind vermieden; statt ihrer werden nur ganz eindeutige Ausdrücke mit Klammern verwendet.

$$\partial_k \Delta\, \mathrm{u}_i = \frac{\partial \Delta\, \mathrm{u}_i}{\partial\, x_k};$$

hier ist zur weiteren Vereinfachung nur der Index des Differentiators als Operatorindex gesetzt; in der Differentialgeometrie bereits allgemein angewendet; vgl. S. 13.

$$\mathrm{d}\, y/a = \frac{\mathrm{d}\, y}{a}, \text{ dagegen: } \mathrm{d}_x (y/a) = \frac{\mathrm{d}\, \frac{y}{a}}{\mathrm{d}\, x}; \qquad \Delta\, u/h = \frac{\Delta\, u}{h};$$

die Operatoren d wie Δ verbinden enger als der Schrägbruchstrich.

$$\partial_x (y\, a)\, \partial_y \Delta\, z/b = \frac{\partial\, (y\, a)}{\partial_x}\, \frac{\partial \Delta\, z}{\partial\, y}\, \frac{1}{b};$$

$$\Delta\, y\, \partial_x z = (\Delta\, y)\, \frac{\partial\, z}{\partial\, x}; \qquad \delta \Delta\, x\, a/b = (\delta \Delta\, x)\, \frac{a}{b}.$$

$$\mathrm{d}\, y^2 = (\mathrm{d}\, y)^2; \quad \mathrm{d}\, (y^2) \text{ nur so}; \quad \mathrm{d}_x^2\, y = \frac{\mathrm{d}^2\, y}{\mathrm{d}\, x^2}$$

$$y\, \mathrm{d}\, y/z = \frac{\int^{y} y\, \mathrm{d}\, y}{z};$$

das Integralzeichen reicht immer bis zum zugehörigen Differential.

Anmerkung: Der Gebrauch des Schrägbruchstriches und ähnlicher Schreibweisen macht auf eine Reihe von Gepflogenheiten aufmerksam, die nicht folgerichtig erscheinen und tatsächlich die Eindeutigkeit gefährden. Man schreibt z. B. $\sin^2 x$ in dem Sinn $(\sin x)^2$, trotzdem folgerichtig ist: $\sin^2 x = \sin(\sin x)$, ebenso wie $\mathrm{d}^2 x = \mathrm{d}\,(\mathrm{d}\, x)$ und $\mathfrak{T}^2 a = \mathfrak{T}(\mathfrak{T}\, a)$. Die folgerichtige Schreibweise für $(\sin x)^2$ ist einfach $\sin x^2$. Nun benutzt man aber $\sin x^2$ in dem Sinn $\sin(x^2)$, trotzdem dieser Ausdruck nach Rangregel nur so, also mit Klammern geschrieben werden darf. Der Gebrauch $\sin x^2$ für $\sin(x^2)$ hängt mit der naheliegenden Neigung zusammen, sich Operatoren bis zum Ende des jeweiligen Ausdruckes wirkend vorzustellen. Dieser Neigung steht der Zwang zur folgerichtigen Fortsetzung der Rangeregel entgegen, die durch den kaum mehr zu erschütternden Gebrauch für die niedrigen Rechnungsarten festliegt, und gegen die man auch so wohl nichts einwenden kann.

www.ingramcontent.com/pod-product-compliance
Lightning Source LLC
Chambersburg PA
CBHW070242230326
41458CB00100B/5911